Application Study of Market Power Concept in Urban Spatial Plannning

城市空间规划中的市场势力概念应用

程 上◎著

北京大学出版社
PEKING UNIVERSITY PRESS

内容简介

本书研究了产业组织理论中表征垄断特征的市场势力概念对城市空间规划的影响，包括城市空间经济特征、企业聚集特征和城镇化特征，以及城市空间规划对这些特征的应对方式。本书首先指出城市是市场势力的集中地，空间市场势力是市场势力概念在空间中的一种特定应用，是城市吸引人群的一种动力；空间搭便车行为是地租产生的来源，其有可能导致城市衰落。城市空间规划作为政府实现城市福利公平分配的方式，有效补充了空间市场势力所造成的负面效应。本书研究了空间市场势力影响下的企业集聚行为和分工行为，继而得出集中城镇化和分散城镇化两种城市发展类型，通过理论和实证证明了空间市场势力和城镇化的相关性。

本书适合作为城市空间规划、城市战略、城市经济等领域的学术研究资料，也适合作为相关专业师生的参考书。

图书在版编目（CIP）数据

城市空间规划中的市场势力概念应用 / 程上著. -- 北京：北京大学出版社，2024. 7. -- ISBN 978-7-301-35149-9

Ⅰ. TU984.11

中国国家版本馆 CIP 数据核字第 2024YV8675 号

书　　名　城市空间规划中的市场势力概念应用
CHENGSHIKONGJIAN GUIHUA ZHONG DE SHICHANGSHILI GAINIAN YINGYONG

著作责任者　程　上　著

策划编辑　吴　迪

责任编辑　吴　迪　郑　嫭

标准书号　ISBN 978-7-301-35149-9

出版发行　北京大学出版社

地　　址　北京市海淀区成府路 205 号　100871

网　　址　http://www.pup.cn　新浪微博：@ 北京大学出版社

电子邮箱　编辑部 pup6@pup.cn　总编室 zpup@pup.cn.

电　　话　邮购部 010-62752015　发行部 010-62750672
编辑部 010-62750667

印 刷 者　北京虎彩文化传播有限公司

经 销 者　新华书店

720 毫米 ×1020 毫米　16 开本　12.75 印张　226 千字

2024 年 7 月第 1 版　2024 年 7 月第 1 次印刷

定　　价　78.00 元

前　言

本书的主要内容是研究城市空间规划方法论和产业组织理论中表征垄断特征的市场势力概念对城市空间规划的影响，包括城市空间经济特征、企业集聚特征和城镇化特征，以及城市空间规划对这些特征的应对方式。本书是利用产业组织理论框架研究城市空间发展规律的一种探索。城市的经济学本质是交易的集中，市场是城市的主要特征。市场势力是表征市场主体具有垄断性从而稳定占有市场规模的特征因子，市场势力的优势是简明且可度量，并有助于读者理解市场这一“看不见的手”影响城市空间变化的两面性，从而为城市空间规划的方向和策略提出更多可行性的建议。

在市场势力影响城市空间的理论研究中，本书首先指出城市是市场势力的集中地，空间市场势力是市场势力概念在空间中的一种特定应用，分工是获取空间市场势力的表现形式。继而提出商人利用了空间惯性形成的空间市场势力，并通过占有空间市场势力而获利。之后提出利用免费空间市场势力获利的空间搭便车现象，其原因在于空间产权边界不明确或难以维护。空间搭便车的免费性导致了商人的空间竞争，最终形成空间均衡。本书将空间市场势力按照空间产权是否明确分成无主空间市场势力和有主空间市场势力两类，指出无主空间市场势力是由市场提供、由交易者的机会成本替代形成，是一种消散的租值和免费空间市场势力，是空间搭便车的对象，是城市人口获取空间市场势力的主要方式，是城市吸引人口集聚的主要原因。由于无主空间市场势力具有地点不可替代性，因此城市具有了区位价值。城市空间规划是政府提供城市福利的主要手段，城市福利来源于城市公共产品提供导致的无主空间市场势力溢出，也是一种空间搭便车行为，并产生了地租沉淀。由此可以对过度获利的地租征税，包括土地税和房产税，这是对城市福利的一种调节。本书提出城市市场悖论，即由于商人对空间市场势力的无限制占有，挤占了市场规模，排斥了竞争性交易，城市就出现了一种远离市场的倾向和挤奶效应。城市市场悖论体现了空间市场势力对城市空间作用的两面性：既促进了城市的进化，也增加了城市的风险。本书提出城市创新是抵制空间市场势力负面作用的有效方式，并基于空间市场势力对城市空间规划的影响，对公共产品供给、空间功能复合、空间活化、区划等城市空间规划手段提出了相应思考。

在市场势力影响城市空间的实证研究中，本书通过对扩展霍特林空间竞争模型的推导得出结论，指出城市空间竞争的最大化效益的结果是商人的空间市场势力范围将趋同，即商人由空间竞争趋于空间均质分布，这和商品售价、顾客需求价格弹性无关。在市场势力影响城市空间的案例研究中，本书将改革开放以来资源条件不突出的浙江义乌作为案例。义乌通过“鸡毛换糖”的游商行为不断积累市场势力，在城市中形成小商品交易市场，从而提升了自身的空间市场势力，逐步增强了城市吸引力。

在空间市场势力影响企业集聚和城镇化的理论研究中，本书对空间市场势力影响企业集聚和城镇化进行了论证，其基本逻辑是：制造业企业拥有空间市场势力后集中并扩大生产规模而发起分工，服务业企业和劳动力参与分工并分布在制造业企业周边，分工关系使得制造业企业、服务业企业和劳动力形成空间集聚，并引发了城市的其他功能，从而实现了城镇化。根据空间市场势力的不同，城镇化分为集中城镇化和分散城镇化两种类型。集中城镇化是少数大型垄断企业和劳动力向城市集聚的过程。分散城镇化是多数小型竞争企业和劳动力在一定区域内均质分布，不发生明显的向城市集聚的过程。在集中城镇化中，城镇化水平随着企业和劳动力的空间市场势力的增强而提高，原因在于空间市场势力不断集中，使企业垄断性增强，分工关系稳定，企业和人口向城镇集中，引起空间集聚。在分散城镇化中，城镇化水平不随企业和劳动力的空间市场势力的增强而提高，原因在于空间市场势力不断分散，使企业竞争性减弱，分工关系松散，企业和人口不向城镇集中，引起空间扩散。由此可见，空间市场势力和城镇化在一段时期内体现出较强的相关性。

在空间市场势力影响城镇化的实证研究中，本书从全国视角和浙江省视角对空间市场势力影响城镇化特征分别进行了研究。在全国实证研究中，本书利用改进勒纳指数模型，基于省域面板数据进行向量自回归模型分析，实证结果表明：省级制造业、服务业的空间市场势力和城镇化率有较显著的相关性。浙江省实证研究指出：在出口型经济蓬勃发展时期，浙江省城镇化和空间市场势力有较强的相关性，且总体特征为集中城镇化和分散城镇化并存，以分散城镇化为主；浙江省在 2000 年以前分散城镇化显著，在 2000 年之后有集中城镇化趋势，但并不显著，仍以分散城镇化为主。在空间市场势力影响城镇化的案例研究中，本书以浙江省特色小城镇店口镇、大唐镇为案例，对比研究空间市场势力影响城镇化的特征，这两个小城镇分别代表了集中城镇化和分散城镇化两种类型，并对其城市空间规划应对进行了总结。

感谢夏南凯、崔功豪、王士兰、张冠增、林善浪、王颖、熊鲁霞、孙斌栋等专家和教授的悉心指导，以及浙江省诸暨市规划局领导在调研过程中的大力支持。

目　录

第1章　城市空间规划和市场势力的概念

1.1　城市空间规划的理性本质和科学性内涵

1.1.1　城市空间规划的理性本质

城市空间规划包括城市研究、城市规划等学科门类，其主要研究对象是城市空间。这门学科是否理性而科学，是长期以来的讨论主题。按照《牛津哲学辞典》的释义，理性的概念诞生于古希腊时期，是对人类行为的一种描述，是合理、恰当、需要、有一定目标的行为（Blackburn，1996）。理性描述了决策个体从设定目标、获取信息、选择路径到方案实施的整个过程，而并没有对结果的优劣特别强调。理性的行为更符合人类正常的行为方式，能够比非理性的行为得到更好的结果。

从理性的概念可知，城市空间规划具有深刻的理性本质，因为规划是一种实现某种目标的路径。规划学者霍尔（Hall，1992）认为：

规划是事物的物理表达，是做事的方法，是目标组成的有序排列……规划应审慎地达到某些目标，并通过将行为纳入事先制定的序列中来实现。

规划学者班菲尔德（Banfield，1973）认为：

规划是行为者为了达到其目标而选择一系列行为的过程。这种方法的逻辑结构可被整理为规划的理论。

经济学家西蒙（Simon，1991）最早提出有限理性的概念，他认为有限理性描述了个人在真实世界中的选择行为状态，不但受总体目标和外部环境属性的影响，也受个人已有知识范围、使用知识能力、行为不确定性、多种竞争需求取舍等因素的限制，这种阐释更符合人们在现实生活中的真实选择行为。

有限理性对城市同样适用，因为大多数市民不能基于复杂逻辑和绝对理性做出选择，因此我们不能以复杂逻辑和绝对理性理解城市发展和市民行为。

规划学者梅耶森（Meyerson，1973）认为：

本地商人、企业家和消费者不能得到足够而精确的信息来做出理性决策，因此他们通常基于猜想而非基于真实知识的可选择机会来行动。

规划学者班菲尔德（Banfield，1973）认为：

没有绝对理性的选择，因为对于行为者存在无限可能的行为，而且任何结果都可能永远分岔。

规划学者大卫杜夫和雷纳（Davidoff & Reiner，1962）认为：

人类毫无疑问会在有限理性的领域内思考，而绝不会达到绝对理性。

规划学者法鲁地（Faludi，1986）认为：

不管在规划实践的明显失败中坚持理性是否合适，也不管理性作为规划导引是否有效，理性都是一种决策制定的方法论原则。

理性并不代表对多样性的否定，二者是互为影响和参照的关系。市民的简单逻辑和有限理性影响了日常生活，城市由各异的人与人关系（即简单逻辑的交织）组成。每个人是有限理性的，选择条件各不相同，从而造就了城市的多样性。

城市的理性和艺术并不对立，而是互为影响和参照的关系。理性思维彰显了人类的创造力，而艺术表达不是凭空而来的，它同样需要连贯的逻辑，至少在城市空间规划中如此。即使是倡导城市艺术性的建筑师与规划学者西谛（Sitte，1980），也指出古典城市的艺术性来自古典时期城市生活对空间的需要。建筑师与规划学者罗西（Rossi，1984）指出城市有非理性的一面，每个城市都有独立的个性，但城市不能独立于城市发展动力的一般规律；在特殊案例的背后还有一般条件，导致城市增长并非自发。由此可见，城市发展仍然遵照一般规律，并且受一般条件的影响。

1.1.2 城市空间规划的科学性内涵

城市空间规划作为一门综合性学科，具有深刻的科学性内涵，因为对城市发展规律和影响条件的捕捉，已经具有科学研究特征。在人类发明交通工具探索地球之前，各个地区的居民自我发展，缺乏交流，却相继出现了乡村、城市等空间类型，且形态、结构、时序都类似。可认为这是人类发展史上的奇迹，还可认为城市的出现受人类共性的驱使，人种、气候、环境、语言的差异并未影响城市发展规律，这些规律构成城市空间规划学科的理论基础。

进一步梳理现当代城市空间规划学者的相关文献对科学性的论述。

规划学者列斐伏尔（Lefebvre，1996）认为：对于城市，科学必要而不充分，艺术亦然。

规划学者法鲁地（Faludi，1973）认为：规划是把科学方法应用到政策制定中。

规划学者霍尔（Hall, 1992）认为：规划需要关注广泛的原则而非具体事实，其强调达到目标的过程或时间序列。

规划学者拉卡则（Lacaze，1995）认为：城市研究一直都是模糊的学科，混合了科学、技术、艺术、法制等要素，且其比例总在变化。

规划学者吴良镛（2004）认为：城市是一定生产方式和生活方式把一定地域组织起来的居民点……不同学科是从不同侧面看待城市的一个投影……城市科学宜开展整体性研究……需要借助复杂性科学的方法论。

规划学者马歇尔（Marshall，2012）认为：城市设计所依托的理论文本或多或少是科学的，这个学科整体仍可被解读为伪科学……城市设计需要认可和吸收更多的科学知识。

由此可见，城市空间规划的科学性仍被强调，需要利用科学方法来探求规律。界定城市空间规划绝对的科学性和非科学性无绝对意义，遵循理性的思维，采纳科学方法论，才是应当关注的主题。科学方法论虽尚存诸多争议，但到目前为止仍是我们可以把握并值得依赖的方法论，也是可以用于城市空间规划的方法论。

1.2　城市空间规划的方法论基础

1.2.1　经验和演绎方法之辨

现代城市空间规划自 19 世纪在英国诞生以来，就具有深厚的经验主义特征。伴随着工业革命的发展，城镇化快速推进，随之产生了大量的城市问题，继而引发了城市空间规划的诞生。通过解决实际问题而不断减少城市病、改善城市人居环境是城市空间规划最初的使命，并借此不断积累经验，继而探求城市发展规律。

以经验指导城市空间规划是很有必要的，但不能完全转向经验。经验是城市空间规划的开始，而不是终点。经验是若干条件在规律作用下的结果，不同经验对应不同的规律和条件，甚至有些经验是随机结果。从经验到规律的归纳方法有片面性，是自下而上地看待问题。城市空间规划发展到今天，已脱离了解决问题的片面性，解决问题并不一定能帮助我们更加深刻地理解城市。与其对每种经验皆做此类考察，不如以规律和条件为出发点，自上而下地按照演绎法推理，从而做出科学的解释，是对经验归纳法的一种很好的互补。规律和条件当然不能解释城市现象的全部，但规律和条件提供了城市空间的一种研究框架，可保证研究具有系统性而不会偏离，以避免得出错误或片面的结论。面向规律和条件，而不只是面向经验，是城市空间规划发展到今天的有益结果。

1.2.2 基于规律和条件的范式方法论

范式最早由美国著名科学哲学家库恩（Kuhn，1970）提出，是一种科学研究体系，包括规律、条件和方法，其中方法是一种传递规则，连接了规律和条件。范式强调科学发现的后知后觉，即先有体系后有事件，真理已存在，只不过没有被发现，科学研究的诸种限制也被归因于新范式尚未出现。

对于城市空间规划而言，建立基于范式的方法论很有必要，原因在于人口在城市集聚是为了满足生产和生活的需求，城市空间作为市民活动的承载地，其变化特征有其内在规律性。另外，城市的发展受自然、社会、经济、政治、文化等多种条件影响，并且这些条件按照学科划分的传递规则和规律建立联系，这造就了城市空间规划的综合性和多样性。正如规划学者列斐伏尔（Lefebvre，1996）所认为的：

城市是综合的，而不是组合的……城市研究可从其他碎片式科学那里借来方法、手段和概念，但其他学科若不能认识城市空间本质，就失去了其城市内涵……如何想象会有一种不具综合性的城市社会、城市化或城市的理论？

传递规则对于城市同样重要，因其不仅可帮助我们准确地认识城市的内部规律，还有助于我们发掘条件之间的关系，正如建筑师与规划学者罗西（Rossi，1984）所认为的：

城市由政治、经济和其他力量共同作用，但仍需要厘清的是这些力量作用于城市的方式，它们的潜在作用的内在联系，以及它们产生了何种结果……结果的产生一方面来自这种力量的性质，另一方面来自城市的类型和地情，因此我们需要建立城市和这种力量的关系。

在范式方法论中，条件是最值得研究的环节，尤其是城市空间规划涉及的影响条件较多，厘清条件的作用有利于更深刻地认识城市空间的规律特征。条件可分为显性条件和隐性条件。显性条件有可观察性和可度量性，其产生了一系列的现象和事件。隐性条件无法直接观察或度量，但其确实存在并对现象和事件起作用。如物理学中的“力”是一种隐性条件，无法观察和度量，但对受力体起作用，可借助物体的质量、速度等显性条件间接度量。又如经济学中的市场作用就是一种隐性条件，作为“看不见的手”影响交易。对于每个学科而言，研究隐性条件及其所依附的传递规则都是推进学科发展的一种方式。

1.2.3 本书的研究框架

在以演绎为基本特征的范式方法论基础上，本书引入产业组织理论的范式，构建了一个适用于城市空间规划的研究框架。该框架的基本规律是市场经济规律，即假定人都是趋利避害的，会最大化获取收益并规避风险。该框架引入研究的隐性条件是市场势力（market power)，市场势力虽然无法直接观察，但表征了市场主体的垄断竞争程度，是一个重要的市场影响条件。市场势力的特殊性和优越性在于其可以利用需求价格弹性来间接度量。该框架的传递规则是交易的可传递性。本书的研究重点是市场势力影响城市空间的市场经济规律，以及由此形成的城市空间特征和问题。

1.3 市场交易的概念

1.3.1 一般市场交易

交易亦叫作交换、买卖，目的在于满足交易双方的需求。交易双方的目的简单明确，用我的东西交换你的东西，你我的财富（或效用）共同增加，皆大欢喜。斯密（Smith，2003）曾形象地指出：没有一只狗会公正而审慎地和另一只狗交易一根骨头，因此交易是人类才有的行为。布劳（Blau，1964）认为：只有当两个人有不同态度时，他们俩才都能获益。

市场经济的传递规则是基于选择的交易，交易完成则传递结束，交易人获得其需要的商品而满足了其动机，动机满足并不取决于商品本身，而取决于交易的完成。因此商品是传递的对象，满足需求的动机是传递的目的。市场包括两层含义：狭义的市场是发生交易的实体场所；广义的市场是分工和交易的环境，并不限定于某个实体场所。市场的意义在于扩大了分工和交易的选择范围和机会，以使参与者能够更好地满足需求，还通过近似统一的市场价为参与者提供可靠的信息，而这些信息无法在市场以外的地方获取。

1.3.2 城市空间的市场交易

城市空间的市场交易是长期而稳定的交易，不是短期或随机的交易。市场主要存在于城市中，因此交易人进入城市就等于进入市场，通过交易满足长期而多样化的需求，城市空间也成为市场交易的载体。住在乡村的农民过着自给自足的生活，居住和食物皆可自行完成，只有对自己无法生产的商品有需求或想出售剩余的产品时，才会参加定时在乡镇举办的集市而不会进城，因为这并非每日必行之事，因而城市对于农民来说无存在的必要。而脱离农业专门从事手工业或制造业的农民，因为不能自给自足，居住和食物必须借助于他人，所以只能进入城市生活，城市能够通过交易满足这些需求。这种交易长期而稳定，如果一日无交易，人就无法生存。随着进入城市的人口增加和需求的升级，城市的规模日趋扩大，这说明城市的市场吸引力越来越强。

1.4 市场势力的概念

1.4.1 市场势力的基本概念

市场势力是产业组织理论中的基本概念，其定义为卖方占有价格（用 P 表示）和边际成本（用 MC 表示）之间差额的能力，也可理解为卖方通过控制成交价格而获取超额利润，并占有市场份额的能力。市场势力描述了卖方在市场中的垄断程度和竞争程度：市场势力越大，垄断性越强；市场势力越小，竞争性越强。如图 1-1 所示，市场势力的概念来源于市场的一般均衡，当均衡达到时，卖方和买方的预期价格一致，均为 P_0，此时价格 $P_0=MC$，价格和边际成本之间的差额为 0，因而不存在超额利润，即卖方不具有市场势力，无法占有

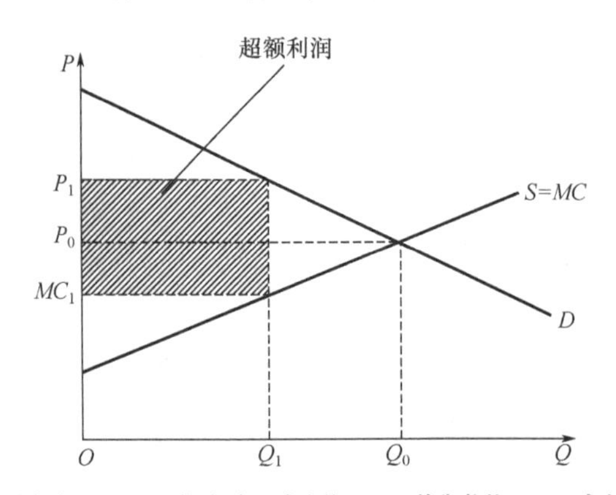

D—需求线；$S=MC$—供给/边际成本线；P_0—均衡价格；P_1—成交价格

图 1-1 市场势力和超额利润

市场份额，此时是完全竞争市场。如果成交价格为 P_1（买方的非预期价格），则 P_1 和 P_0 之间存在差价，该差价是买方被迫给予卖方的超额利润。再加上 P_0 和 MC_1（以 P_1 价格成交时的边际成本）之间的差价，即卖方原本拥有的超额利润，因而卖方拥有了 P_1 和 MC_1 之间的超额利润，从而也就控制了市场份额，具有一定的垄断性，拥有了市场势力。由于一般均衡在市场中是理想状态，很少在现实中实现，因此 P_1 和 MC_1 之间的差额不会为 0，卖方的市场势力就一直存在。一旦卖方长期拥有市场势力并稳定占有超额利润，就成了垄断者。市场势力在一定程度上保证了市场交易的稳定性，因为如果市场中卖方缺乏市场势力，则卖方无法获得超额利润，而需要和其他卖方竞争交易，因而有选择其他市场进行交易的可能性。正如谢泼德（Shepherd，1997）指出的：有效率的产出必然是最大化超额利润。

1.4.2 市场势力的特性

由于交易人受扩大收益且降低风险的驱动，市场势力具有以下特性。

（1）稳定性：一旦卖方拥有市场势力，也就具有了稳定的市场份额和收益，因此卖方不会轻易放弃市场势力，也即垄断一经拥有就不会放弃。市场势力成为交易人在市场中追求的目标。

（2）扩张性：受扩大收益的驱动，拥有市场势力的卖方会不断提高自己的市场势力，继而扩大市场份额和收益，从而提高了垄断性。

（3）传递性：市场势力可以通过契约和分工的形式在参与市场交易的主体之间进行传递。契约和分工都是卖方和买方之间稳定的交易关系，买方向卖方支付报酬，获得商品或劳动力，降低了卖方的交易风险，为卖方提供了稳定的收益，相当于买方把市场势力传递给了卖方。卖方和买方同样可以向上下游的交易主体继续传递市场势力，这样就形成了交易链或产业链。

（4）排他性：由于市场势力具有垄断性，因此市场势力所有者倾向于抑制市场中其他交易主体的市场份额，甚至将其他交易主体排除在市场之外，从而达到绝对垄断。

1.4.3 需求价格弹性和市场势力测度

市场势力直接来源于需求价格弹性，或者说需求价格弹性决定了市场势力的特征。马歇尔（Marshall，1920）最早提出需求价格弹性，指出需求价格弹性是需求对价格的反应，需求价格弹性大小取决于价格下降一定量时需求增加量的大小，反之亦然。由此看出：弹性描述的是人的需求反应而不是商品特性。

当需求还未满足时，需求者对价格格外敏感，因此弹性很高；当需求无法满足或已满足时，需求者对价格不敏感，因此弹性很低。高弹性时成交可能性低，低弹性时成交可能性高，因此低弹性时卖方有垄断性，高弹性时卖方有竞争性。张伯伦（Chamberlin，1939）指出需求曲线越富有弹性，价格偏离就越靠近最常见价格。卡尔顿（Carlton，2000）认为当需求价格弹性很高时价格接近边际成本，当需求价格弹性很低时价格远远超过边际成本，弹性越高垄断价格越接近均衡价格。谢泼德（Shepherd，1997）认为低弹性商品的超额利润较大。市场势力和需求价格弹性的关系表明：市场势力并不是永久存在的，而是根据市场的需求价格弹性和市场份额特征而变化的，如果弹性提高或市场份额降低，则市场势力会逐渐减弱。这也体现了熊彼特（Schumpeter，1983）所指出的经济发展内涵：发展是新的组合关系，当新的产品、新的生产方法、新的市场或新的供应来源出现时，新的市场结构将出现，原有的垄断会被打破。

市场势力的优势在于可以测度，勒纳指数是测度市场势力的一般方法，即来自市场势力和需求价格弹性的关系。经济学家勒纳（Lerner，1934）提出测度市场势力的勒纳指数模型，可表示为如下关系式：

$$L = \frac{P - MC}{P} = \frac{1}{\varepsilon}$$

其中，L 为市场势力，取值范围为（0，1）；P 为成交价格；MC 为卖方的边际成本；ε 为需求价格弹性，关系式为：

$$\varepsilon = \frac{P}{y} \cdot \frac{\Delta y}{\Delta P}$$

其中，P 是价格；y 是供应量。$P-MC$ 是卖方的超额利润。关系式成立的基础是垄断企业利润最大化条件，关系式左边部分即为勒纳指数，这个关系式也可称为勒纳等式。

由以上两个关系式可知，市场势力和需求价格弹性直接相关，弹性越高，市场势力越小；弹性越低，市场势力越大。如果弹性无限高，则市场势力为0，此时为完全竞争状态，成交价等于均衡价。如果弹性无限低，此时为垄断状态，成交价格等于企业的利润最大定价，也即边际收益等于边际成本时的价格（$MR=MC$）时的价格，可认为此时的市场势力是长期的垄断势力。如果把勒纳指数改写为 $1-MC/P$，则边际成本在成交价格中所占比重越小，市场势力越大。因此市场势力可理解为卖方在交易中的议价能力以及卖方降低生产成本的能力——成交价格越高或边际成本越低，市场势力越大。

第 2 章　市场势力影响城市空间的理论研究

2.1　城市进化的市场势力属性

2.1.1　从迁居到聚居：人和土地的交易

人类聚居是一种长期的集聚形式，但在早期并不常见。当人类出现时，初始的资源，如山川、河流、森林空间分布成为早期的区位。人的首要任务是生存，由于其没有能力创造食物和住所，只能依赖自然的馈赠，寻找能提供资源和庇护的免费空间，如依赖果树、溪流、山洞而摘果、捕鱼、穴居。直至现在，城市里的流浪者还过着寻找免费空间的生活。但免费并不意味着不需要付出成本，人仍需要付出时间和精力去寻找资源。寻找也是交易，因为人付出体力而获得回报。但资源分布是随机的，今天还有鱼的地方明天就不一定有鱼，这是自然空间功能的动态变化，所以寻找具有不确定性。人的弱小决定了自给自足很困难，所以分工是比定居更早的行为。那时，人即使迁居也生活在人群中，由于分工的需要而集聚在一起。

资源分布不确定，所以人群需要不断迁居。直到现在仍有少数人群继续迁居。游牧民族逐水草而居，罗姆民族随篷车移动，水手和海盗随船漂流，位置对于他们并不重要，重要的是寻找，帐篷、篷车和航船就是居住空间。寻找资源并不是最佳的生活方式，其需要付出大量的时间和精力，且有可能一无所获或面临危险。幸运的是人类发明了耕种，可固定而长期地依赖土地生存。土地是大自然的馈赠，人可以在土地上付出劳动和时间而获得食物。耕种受土质和气候影响，因此人开始研究不同的土质适合耕种何种作物，即土地的比较优势。

耕种并获取食物是人和土地的交易。人需要靠近土地定居，而定居需要房屋，因此人开始研究建造材料、建造技术和建造工具。为了提高土地的生产力，人开始研究各种促进生产的工具和技术，从而促进了铁器和灌溉技术的发展，并带动了相应的纺织、加工、运输、仓储等技术发展。这些活动无法通过自然和土地直接实现，只能由人创建，因此才会出现房屋、作坊、仓库、磨坊、道路等空间形式。这些空间形式坐落于土地上，但已和耕地不同，因为它们不能直接获取回报。

人和土地的交易也催生了乡村，乡村是人类早期聚居地。人类聚居是为了共同谋生，形成长期分工关系。布罗代尔（Braudel，1981）认为：

稻田因为工序复杂，尤其是依赖于灌溉系统，因此需要人力劳动长时期、大规模的集中，进而促进了稳定的社会和政权的控制……也意味着乡村的集中……稻米的高产量也养育了高密度的、稳定的人群。

布罗代尔指出灌溉系统是聚居的前提，灌溉系统提高了作物的产量，因此人可轻易获得大量作物。这种高回报使人群无法再分开，围绕土地形成的乡村固定下来。聚居可使人群分工，也可使人群相互交易，因此聚居是市场空间的雏形。灌溉系统规模很小，因此乡村规模也不大。聚居免除了到处迁居以获取资源的艰辛，是人类文明的重要进步和转折点。

2.1.2 从乡村到镇：人和人的交易

进入农耕时代，长期的聚居形成了稳定的乡村。人可依靠土地养活自己，但其他需求必须通过人和人的交易而满足。第一，土地在一定时期内只能种植某种作物，且受气候影响，不同地区生产不同作物，因此地区之间需要通过交易以完善人的食物结构。第二，农业的发展伴随着工具和技术的革新，且农作物仍为初级产品，需要继续加工成其他产品以供人之需，如衣服、糖酒、面包等。个人的时间和精力有限，因此会有人专门研究、制作并生产这样的工具和产品，这类人成为脱离了农业的工匠。工匠不种地，可通过交易由农民稳定提供食物，这是专业分工的出现，即每个人都在从事独立工作并通过交易满足需求。但工匠和农民的距离不会太远，而且工匠必须清晰地知道农民住在哪里，以便随时交易。因此专业分工的前提是发起者和参与者必须建立长期而稳定的契约。如果工匠和农民的距离过远，或居无定所，则其也没有勇气离开土地。乡村的兼业现象一直存在，很多农民同时从事农业和手工业，说明稳定的契约关系并不容易维持。人的本性决定了其在交易之外不愿和其他人靠近，但又不能离得太远。因此乡村是一种松散的聚居形式，每个人都有固定的居所、耕地和交易对象，在乡村内即可满足其生活所需。

随着人的需求的增加，以土地为中心的乡村也由此扩展，市场随即产生，即专门供人寻找交易对象并成交的场所。既然交易在任何地点都可完成，为何还需要专门的场所？首先，人和人的交易需要寻找，寻找是满足需求必要的方式，市场缩小了寻找的范围。其次，乡村是封闭市场，只供本地人交易，外地人很难进入，且商品种类稀少。地域的差异使每个乡村的产品不尽相同，因此有人遍历乡村收购和售卖产品，这也是最早的游商。乡村的分布相对分散，而游商四处兜售产品是随机行为，且游商较低的仓储能力决定了其无法进行大批量销售。最后，游商积累了足够的客户后，就可定居生活并在固定地点售卖产品，因此也就出现了固定的市场。固定的市场主要由完全脱离农业的商人和工匠组成，他们长期在市场中交易。固定市场是开放的，任何人都可进入并交易。商人、工匠和固定市场的出现也提升了需求的种类和规模，否则商人和工匠将无利可图。

市场的位置成为重要的区位，由此产生了镇。镇使人脱离了对耕地的依赖，进化为更高级的聚居地，常住人口的规模增加。市场服务于周边人群，因此镇的区位主要是由周边人群是否能快速到达市场所决定的。这也是商人——作为等待买方的群体的期望，商人当然希望人越多越好。如果没有大规模人群的支持，商人将所获甚少。市场是周边人群的集聚中心，这是克里斯塔勒（Christaller，1966）中心地理论的本质。镇扩大了需求可选范围，缩小了交易寻找范围，是聚居必然的进化结果。斯密（Smith，2003）认为：

很多交易无法在镇以外的地方实现。

布罗代尔（Braudel，1981）认为：

镇离不开市场，市场也离不开镇……即使在最低微的镇里居民都会通过市场获得食物等必需品……镇和村从未像水和油一样分开过……工匠可把商品卖给农民，农民也可把农产品平等地卖给镇民，每个人都会生活得更好。

科斯托夫（Kostov，1993）认为：

聚居区联合体超越了血缘关系，渔夫和铁匠、农民和上层人物——这些人不但有目的地互相合作，同时也为乡村腹地提供产品和服务。

相比乡村，镇具有新的进化特征。

特征之一是基于农产品供应的分工保障，人口得以离开土地生存，否则无人敢不亲自生产食物。

特征之二是市场形成自有的体系和规则，比如契约和产权，由此出现了制定和维护规则的政府。布罗代尔（Braudel，1981）认为：

早在 12 世纪就出现了从镇到镇的市场网络的雏形，只有镇有市场，村并没有……镇吞噬了一切，迫使一切都遵从它的法则、需求和控制。市场成为一种机制……镇里的市场拥有中间商、全职雇员和完善复杂的管理体系。

施坚雅（Skinner，2010）认为：

传统的乡土中国是由市场而不是由村庄组织起来的。在庞大的市场网络最基层，一个市场带动着周围 15 ～ 20 个村庄……市场结构必然形成地方性社会组织，并使大量乡村社区结合成单一的社会体系，即完整的社会。

特征之三是市场所在地由于稳定交易而升值，转变了人对土地的认知：市场的重要性超过了耕地。耕地分布广泛，镇却相对较少。因此斯密（Smith，2003）认为：

镇隶属于乡村，并在三方面为乡村做贡献：稳定的市场、购买乡村土地并提高收益、个人交易自由和安全秩序的保障。

2.1.3 从镇到城市的进化：市场势力的集中地

当然，镇并不是人类聚居形式的终点，因为生活在市场中的商人不会满足于现有收益，而会不停寻找更多的交易机会，使需求增加，也使市场所在的土地增值，这是城市市场势力的缘起。人们对市场所在地产生了交易的依赖，离开市场就无法获得交易机会，因而市场也就拥有了稳定的市场份额，从而拥有了市场势力。市场势力的特性使市场和聚居规模不断扩张，从而形成了城市；商人不断扩大市场规模以增加其市场势力，城市规模也无法抑制地越来越大。因此可把城市称为市场势力的集中地，在城市中，任何人都可能享有交易带来的市场势力兑现，这是城市吸引力的体现。

布罗代尔（Braudel，1981）认为：

无论镇在哪里，都会有一种权力的形式，或保护或强制……而且是独立存在的维度……镇就像变压器一样提高了压力，加快了交易节奏并“充电”了人类生活……镇促进了扩张，扩张也促进了镇……根据共存的原则相互创造、相互控制、相互利用。

这种市场势力成了城市化（也可称为城镇化）的动力。城市化描述了非乡村的生活方式，主要特征是非农业的成熟的分工和交易，这是城市进化的基础。只要存在非农业分工和交易以及由此形成的非农生活方式的地区，我们都可认为其是城市化地区。城市是各种分工形式的组合，也是各种市场势力的集中地，城市里的人因而彻底脱离了自给自足的生活方式，几乎所有需求都要通过交易和分工满足，自己也完成了城市化的进程。

科斯托夫（Kostov，1993）认为：

城市的起源是市场……欧洲集市所提供的交易市场免除了在税收和经销权方面阻碍长途贸易发展的许多限制。最大型的交易市场常常表现为临时城市的样子。

韦伯（Weber，2005）认为：

城市的本质是市场聚落，城市始终就是市场中心。

拉喀则（Lacaze，1995）认为：

城市不是随机产生的，也不仅为市民提供工作，而是和社会与经济现象相关……城市是各种商业贸易和服务密集的地方。

布罗代尔（Braudel，1981、1984）认为：

城市和镇是人类历史的分水岭，从镇到城市的进步使人类的需求彻底脱离了农业，城市发展为全新的市场形式……镇的集市定期举行，因为附近的农民需要生产足够的商品；城市的集市可每日举行，因为供应非常充分。

城市成为各种分工的组合体，完善的分工造就了鲜明的职业特征：如果说乡村和镇的居民还有兼业，那么城市居民几乎不再兼业，至少不会从事农业，职业成为城市居民的标签。

2.2　商人在城市的交易和空间市场势力

2.2.1　空间惯性和空间市场势力

城市居民的标志之一就是由职业所带来的惯性。商人每天要做生意，职员每天要上下班，因此每个人都需要固定的空间和路线，这就形成了空间惯性。职业也限制了人的活动空间，比如店主每天都要守在店里，因而哪里也不能去。斯密（Smith，2003）认为人很难从一种工作换到另一种工作，因为地方和工具都发生了变化。人受限于某个空间，离开则不能参与分工和交易。空间惯性提高了在特定空间内的市场成交概率，也就获得了稳定的收益，从而形成了在某一特定空间范围内存在的市场势力，可称为空间市场势力，它是交易和分工的市场势力向空间的传递，空间也就拥有了不可替代的垄断性。比如固定的市场，由于交易的集聚而使得市场里的商人具有稳定的市场势力，这种市场势力不能离开市场的位置存在，也就形成了空间市场势力。

既然空间惯性意味着空间市场势力，那么商人也会充分利用空间惯性来追求空间市场势力，因为空间惯性能够提高在特定空间内的市场成交概率，这也是商人所追求的交易结果。比如商人靠近买方是为了减少对方可选择的机会，也给买方形成惯性提供了诱因。买方一旦习惯于某个商人的某种商品，就会持续购买，而不会选择与更远的商人交易。买方的需求价格弹性越低，空间惯性越大，商人的空间市场势力也就越大。因此靠近交易对象成为商人的特性。人之所以住在城市里，是因为在城市里可方便就近地购买各种商品和服务，因此城市就像一个空间惯性的磁场，其中心是空间惯性最大的地方，可满足最多人的需求，空间市场势力也最大。

2.2.2 游商、坐商和品牌商

商人的日常行为就是寻找买方进行交易，因此商人是四处移动的群体。寻找行为分为两种：移动和等待。移动即主动寻找买方，这种商人叫游商，也称行商。游商是初级的寻找方式：主要售卖需求价格弹性较高的商品，其市场势力较小，无法获取稳定的空间市场势力，因此需要通过在人群中不断移动来增加成交概率，活动范围较大。常见的游商有小贩、叫卖艺人、报童等。游商经常出现在人多的地方，或在自己周围集聚很多人。游商会最大限度地靠近买方，减少买方可选择的机会；并极力游说买方，使买方形成交易的惯性。

游商拥有一定的固定买方后通过空间惯性提高了空间市场势力，会在当地变成坐商，也即固定在某个空间经营的商人。坐商在其周边形成市场，获得了空间市场势力。由于空间惯性的作用，买方反而会移动至坐商处交易，但前提是距离够近。坐商分为两种，即非品牌坐商和品牌坐商。非品牌坐商是寻找买方的进阶方式，此种方式虽然有固定买方，但市场势力仍很低，只能在人群密集处开店等待，尽量靠近买方，以增加成交概率。常见的非品牌坐商有便利店、花店、香烟店、打印店、小饭店等，均靠近人口密集的社区。为了获取空间市场势力，坐商一般会售卖低弹性商品，如香烟、方便食品、生活用品等。买方当然可从更大的超市中购买这些物品，但超市的营业时间相对固定，买方如果突然产生需求，则不得不去便利店里购买。此时便利店里的售价也比超市高，这是商人对需求价格弹性的巧妙利用。另外为了增加吸引力，坐商还会迎合商店附近的人群需求，如女性人群附近常见美发店，老年人群附近常见菜市场。

品牌商和以上两种不同，因为其买方的需求价格弹性很低，所以不再考虑人群密度和分布，只需在自己适合的地点开店即可。坐商也不用额外增加吸引力，因其所售商品本身已有吸引力，需要做的只是等待买方。生活中常见的名店使顾客趋之若鹜，说明只有在店内才能交易，因此名店的空间市场势力也很大。

2.3　免费空间市场势力和空间竞争

2.3.1　免费空间市场势力和空间搭便车

免费空间市场势力是指由于空间边界不明确且难以维护所导致的空间产权界定模糊，继而出现空间市场势力溢出的现象，也可以理解为一种市场的外部性。空间市场势力溢出必然会吸引商人来免费利用，这就形成了空间搭便车现象。比如游客去迪士尼乐园，因为游客需要购买食物、饮料和纪念品，除了迪士尼的官方售卖以外，迪士尼乐园周边有很多游商，也兜售食物、饮料和纪念品，甚至卖门票，这就是空间搭便车行为，迪士尼乐园的空间市场势力免费溢出给游商。搭便车是经济学名词，即利用免费的市场势力盈利，空间搭便车就是利用免费的空间市场势力盈利。搭便车这个词非常形象，因为搭便车者并没有支付搭车费，而是其出行目的和开车人恰巧相同，利用了汽车中多余的空间，搭便车者也因此节省了运费，相当于获得稳定收益。科斯（Coase，1960）曾形容搭便车者为使用某物却不付费的人。

搭便车和市场中的分工和契约行为对应，因为后者通过支付成本而获得稳定收益，前者没有支付成本也获得稳定收益。二者的区别是分工和契约利用的是产权界定清楚的市场势力，而搭便车利用的是产权界定模糊的市场势力，例如为名牌商品生产包装是契约分工，而仿制名牌商品是搭便车。因此搭便车是一种以非契约方式获取市场势力的行为。空间搭便车形成的原因包括两种情况，即产权空间边界不明确和产权空间边界难以维护，以下分别论述。

1. 产权空间边界不明确导致的空间搭便车

产权空间边界不明确是指品牌商无法清晰界定产权空间。假设肯德基把其店内一块空间租给饮料店，则该店为契约分工，因为空间边界明确。如果有商人在肯德基快餐店旁边也开了一家快餐店，且采用和肯德基类似的店名、食物和装潢，那么有些食客冲着肯德基而来，却可能被误导进了这家仿制店，因为食客也被位置所误导。如果该店开在别处，则食客会少很多，所以此店为空间搭便车，利用了肯德基品牌形成的空间市场势力。甚至卖唱者、卖花者、乞讨者等游商都会纷至沓来，因为这里人气高，成交概率也高，更是空间搭便车。这些搭便车者的目标是消费人群，而不是肯德基本身，所以肯德基对这些非契约利用行为也无能为力，因为无法限定产权空间边界，即使用围墙把自己围起来也没用。

产权空间边界不明确的原因在于人无法清晰定位空间边界。首先人对地点的认知就很模糊，即使有地名也难以找到。再者大到城市，小到街道，虽有行政边界划定，但人感知的边界却各异。对空间的熟悉程度不同，对边界的了解程度也不同。如本地人可准确地说出一个地区每个房屋或店铺的边界，但外来人可能就对这些边界很陌生。

2. 产权空间边界难以维护导致的空间搭便车

产权空间边界难以维护是指如果产权空间很大，且无明确的边界，则维护成本很高，任何人都可进入。如风景区或公园作游览之用时，门票只包含游览功能，而不包含商业功能。但人人都可通过支付门票进入游览空间活动，包括游商。游商只支付门票却在游览空间里售卖零食、纪念品、饮料、玩具，因为有大量需求。由于游商靠近游客，游客倾向于从游商那里购买商品。风景区或公园管理者当然不满这种行为，因为这部分商业收入来自风景区和公园对人群的吸引，游商并未支付利用空间市场势力的成本，但是空间太大导致管理者的巡视和监管成本较高。管理者当然也可设置商店和游商竞争，但商店由此也要支付利用空间市场势力的成本，也就是租金，其售价自然会比游商高。此外对游客而言，游商售卖的商品会在特定时刻需求价格弹性突然降低，如游客感到饥渴需要食物和饮料，或下雨暴晒需要伞等，这些都是不可预料的需求，而游商又适时出现在游客身边，因此游客会立刻购买。游商靠近游客并利用需求价格弹性的实时变动盈利，这一点是坐商无法企及的。

2.3.2 空间搭便车引发的空间竞争

当出现免费空间市场势力时，商人会集聚，因为可带来确定收益；当空间市场势力消失时，商人会扩散，因为无利可图。空间市场势力就像磁铁一样使商人有了盈利预期，从而集聚以争取盈利机会。受空间市场势力排他性的影响，如果搭便车者过多，则需要竞争。空间竞争指商人为了最大化盈利，而抢占空间最佳位置的行动。空间竞争包括两类：同质竞争和分工竞争。

同质竞争指售卖同种商品的商人为了利用空间市场势力而集聚在一起竞争，通俗讲为“抢生意”，如专业市场、食品街、商业街等，商人售卖同种或类似商品，共同分享专业市场品牌的空间市场势力。需要注意的是专业市场往往划分若干铺位并收取铺位费，这界定了空间产权，但并不是空间市场势力的等价兑换，因此商人仍有利可图。

分工竞争指搭便车者争取参与品牌商分工机会的竞争。如肯德基很有名气，其周边就会聚集玩具店、饮料店、烟酒店，甚至卖唱者、卖花者、乞讨者等游商也会纷至沓来。这些商人从事的都是相关行业，不会和名店竞争，只是参与分工。但如果他们影响了肯德基的顾客，则会对产业链产生影响。如饮料店的饮料不好，或卖唱者和乞讨者干扰了食客，会给顾客带来不好的感受。这些行为都会影响肯德基的品牌，也就降低了肯德基的空间市场势力。因此肯德基需要建设更多的分店，以保证品牌的兑现能力不受影响。

如果空间搭便车的竞争采取最公平的抽签规则，人人机会相等，则获得交易成为一种随机行为。比如一个社区的居民都需要买水果，表明社区的空间市场势力很大，因此社区周边会集聚很多水果店。可水果店太多又会造成供过于求，假设每家店售卖的水果没有差异，售价也一致，社区居民选择在哪家店买水果成为概率事件，也称概率等待，即不是每个商人都能获得成交机会，只能等待。概率等待符合搭便车的特征：不是每辆车都愿意被搭，能不能搭也是概率事件。概率等待也成为非品牌坐商的主要交易方式。即使游商也需要等待概率，因为其在人群中兜售商品，不是每个人都会买的。

2.3.3 霍特林空间竞争模型

品牌坐商的品牌无可竞争，但对于一般坐商和游商而言，即使其销售低弹性商品，仍然会面对竞争。挤在一起的集聚会降低成交概率，当成交概率不足以维持成本时，商人必须分散以扩大市场范围，从而提高成交概率。霍特林空间竞争模型（简称霍特林模型）就是研究空间竞争中商人为了利益最大化而如何分散的模型。交易不可能在一个地点完成，因此无论买方还是卖方，都需要考虑和交易对象的距离所产生的交通成本。空间竞争理论起源于法国经济学家古诺（Cournot，1838）在研究寡头时所采用的双寡头竞争模型，并由美国经济学家霍特林（Hotelling，1929）在空间上深化。霍特林模型讨论的是当买方需求价格弹性很低时，销售同种商品的两家坐商的价格变动如何影响市场范围。假设坐商位于直线两端，买方分布在直线上，买方如果需要购买商品，需要移动并支付交通成本。霍特林认为一方售价越高，其市场范围越小；当双方售价相同时，市场范围相同，即各占一半。因此售价决定了在空间竞争中商人所获取的市场范围的边界。实证研究中的扩展霍特林模型把直线扩展为空间，并划定了坐商的市场范围。结论是卖方售价相同，并呈均质分布，代表分散的市场，这与勒施（Lösch，1954）的市场区位论和克里斯塔勒（Christaller，1966）的中心地理论所分析的结果一致。如果达到绝对化的商人均质分布，此时的售价即为市场价，也说明空间均衡终结了空间竞争。

当买方需求价格弹性很高时，商人又如何分布？如果卖方为游商，需要不断移动以寻找交易对象，但仍可在某个区域建立自己的市场范围。因此我们也可把扩展霍特林模型应用于游商的空间竞争情景，只不过移动的一方是游商。第 3 章的实证研究证明即使售价不同，游商在空间中也呈均质分布，拥有各自的市场范围，达到空间均衡。继而如果游商转变为坐商，空间均质分布仍然成立。如果商品需求价格弹性降低，则售价趋同。其原因在于当游商还不具有空间市场势力时，其四处移动的行为并不构成竞争。如果游商之间开始竞争，则其付出的成本高于开辟新市场的成本。只有当新市场无可开拓时，游商才会在已有市场中竞争。因此对于同质商品，不论游商还是坐商，不论需求价格弹性和售价的高低，都会导致商人的空间均质分布，这也是空间竞争的结果。

由此可以认为，空间竞争与需求价格弹性和售价无关，而与空间市场势力有关，因此空间竞争的本质是空间市场势力的吸引，而不是商品的吸引。这是空间搭便车和普通交易引发集聚的本质不同，即空间搭便车是一种进阶的集聚，此时商品本身已不重要，空间市场势力更重要，并继而由空间竞争形成空间均衡。

我们也可反思马歇尔（Marshall，1920）的集聚理论：规模收益倍增导致集聚。集聚是否能倍增收益？从霍特林模型来看似乎不能，因为竞争会使收益下降。因此对于空间搭便车，集聚不是多少的问题，而是有无的问题。如果有空间搭便车的机会，即使盈利很少也会集聚，因为有胜于无。因此如果不考虑其他外生条件，集聚来自空间搭便车而不一定是倍增收益。

2.4 从无主空间市场势力到地租

2.4.1 空间市场势力的分类：有主和无主

空间市场势力根据其权属可分为有主空间市场势力和无主空间市场势力。有主空间市场势力是有产权的空间市场势力，无主空间市场势力是无产权的空间市场势力。空间搭便车无处不在，有主空间市场势力尚且被利用，无主空间市场势力更甚，是搭便车的主要对象。比如农民走路去集镇交易需要付出时间成本，而且集镇的交易价格也不一定低，但如果农民自己去寻找交易对象，则四处移动需要支付更多的时间成本，而集镇则降低了农民寻找交易对象的时间成本，只需要在一个很小的地方即可交易，因此农民甘于支付时间成本，以获得较高的收益，因此集镇具有空间市场势力。但集镇的空间市场势力却无主，因为集镇市场是自由市场，没有所有者，无法兑现自身的空间市场势力，商品的市场价也不会根据买方距离远近而变化，市场的卖方不会额外盈利。因此农民付出的时间成本和集镇的空间市场势力被白白浪费掉，或可认为集镇“遗失”了空间市场势力。这也是张五常（2015）所说的租值消散的体现：无主的租值会消失。

当然这部分遗失的空间市场势力不是没有人注意：比如运输者用车把农民运到集镇，节省了时间，但增加了运费；比如修路者修了一条高速公路，农民可以坐车更快到达集镇，节省了时间，但增加了过路费。如果集镇的市场价不变，则游商会从集镇批发商品然后送到农民家里。其出价会比集镇市场价高，但高出的部分低于或恰好等于农民的交通成本，所以农民会觉得划算，游商也因而盈利。游商虽然也付出了时间成本，但其销售量大，仍然可盈利。农民会习惯于这送到身边的方便，因为节省了时间，但也要为方便买单。因此运输者、修路者和游商都免费兑现了集镇的空间市场势力，属于空间搭便车。这也是游商要靠近买方的原因：把买方的交通成本转换为自己的盈利。

这种原始的商业行为直至今日仍旧不衰，网络经济下蓬勃发展的在线购物和外卖即为此例。在线购物网站巧妙地把买方在商场选购商品的时间成本转换为浏览网站的时间成本，并用快递送货。买方在路上所耗时间成本要大于快递公司的时间成本，所以买方愿意选择在线购物的方式。而买方浏览网站的时间成本则被网站利用，并通过广告兑现。外卖也是典型的兑现时间成本的商业行为。因此在线购物网站和游商并无本质不同，广告商、网站、送外卖者也是无主空间市场势力的搭便车者。空间搭便车的本质就是搭便车者把免费和无主的空间市场势力变成自己的空间市场势力以兑现，也可看作免费和无主的空间市场势力传递至搭便车者。免费空间市场势力不一定是无主空间市场势力，但无主空间市场势力一定是免费空间市场势力，因为被主人遗弃。无主空间市场势力不可观察和直接度量，但确实存在，因此也是隐性条件。无主空间市场势力之所以珍贵，在于其来无影去无踪，不容易捕捉，而规模又大，且没有成本，因此是唯一可被城市平民利用的资源，很多人也正是靠无主空间市场势力受益。无主空间市场势力也成为城市吸引人口集聚的原因，人们通过利用无主空间市场势力而能够在城市生存。

假设无主空间市场势力消失，则交易人无须移动即可到达市场，空间的区位差异也消失。这也是斯密（Smith，2003）所说的“良好的道路、渠道和河流降低了交通成本，也就降低了地租的差异”的含义。交通方式、网络技术的进步和道路的增加源于买方时间成本越来越高，可利用的无主空间市场势力越来越大，因此搭便车者越来越多，交通和网络是主要兑现方式。如果农民很穷，单位时间收入很低，那么运输者、修路者和游商都不会出现，因为农民支付不起增加的费用，也无须支付，只需慢慢走路即可。因此游商和普通坐商都会靠近有消费能力的人群，从而提高了成交概率，兑现空间市场势力。

2.4.2 有主空间市场势力的兑现：地租

空间市场势力包括很多种兑现方式，如交通费（包括运费和过路费)、广告费、地租等；地租是空间市场势力兑现的一种主要方式，空间市场势力也提供了一种理解地租的方法。按照斯密（Smith，2003）的观点，地租是商品生产中土地产生的收入，收益是股本产生的收入，工资是劳动产生的收入。农民如果没有土地，则其必须租用土地才能耕种和出售农作物。面包师如果没有面包坊，则必须租用店铺并购买面粉才能制作并出售面包。土地和店铺并非自有，需要支付地租给所有者，因此地租是交易人为了完成交易而支付的成本。在整个生产过程中，农民和面包师承担了商品出售可能亏损的风险，而土地主和店铺所有人却无风险地享有了地租。因此，我们可以把地租理解为一种为了交易而必须使用某个空间并给付他人的成本，是稳定的收益，是有主空间市场势力的兑现，地租获取人即为空间产权所有者。

地租为我们提供了一种区分城市获利群体的方法。比如城中村居民不愿意搬迁，因为城中村靠近城市中心商业区而地租高，是超出居住功能以外的免费盈利，所以即使房屋破旧他们也不愿搬走。但该租金来自中心商业区的吸引力所带来的无主空间市场势力，那么城中村居民是否应该向中心商业区的商人交租金？因为居民无本获利，也是空间搭便车者。因此可认为，免费获得地租的人具有不劳而获的空间套利行为，可被称为空间套利者。

2.4.3 空间市场势力的溢出和地租沉淀

大部分空间市场势力皆无主，即使有主也存在免费的可能性，所以空间搭便车行为比分工行为要多。如果非契约利用一般的市场势力，如仿制和侵权，则所有人可以收集搭便车的证据并诉诸法律，因为市场势力可以界定，如商标和专利。如果非契约利用空间市场势力，由于产权界定模糊，驾车者也无法收集搭车者的证据并诉诸法律。比如城市广场集聚了很多市民，由此吸引来很多游商和坐商通过售卖商品盈利。广场由城市政府修建，其目的是为所有市民提供公共空间，是人人都可以活动的地方，如跳舞、散步、锻炼。市民利用了广场，也提高了人气，而人气却被商人和周边的房主搭便车，也就产生了空间市场势力的溢出效应。

溢出效应的背后是空间市场势力经历的从无主到有主的过程。市民在城市广场集聚形成了人气，提高了成交概率，产生了大量本该属于城市广场的无主空间市场势力，吸引了游商和坐商的集聚，如小贩、便利店等。坐商需要支付房屋地租，由于存在竞争，坐商并不能获得确定收益，房主却可以收取确定的地租，这也是人气可以提高地租的原因。房主之所以能收到地租，在于房屋空间的产权确定，类似于专业市场的铺位，地租就类似于铺位费。游商靠空间搭便车获利，并希望成为坐商，却把获利转移为房主的地租，这就是城市的地租沉淀，也即无主空间市场势力沉淀到土地上。商人尚且需要付出时间成本以等待买方，而房主没有付出成本却享受免费的盈利，就像天上掉馅饼。地租沉淀是地租消散的后续过程，因为消散的地租是无主空间市场势力，而经过商人的作用，这部分空间市场势力又以地租的形式传递到房主身上。在这个过程中市民和广场是发起者，创造了无主空间市场势力；商人是搭便车者，把无主空间市场势力转换为有主空间市场势力，房主分享了该过程中的盈利。商人当然有所获利，但显然不能跟房主相比。由于商人并没有空间市场势力，而其交易却直接和空间市场势力相关，因此其不得不向房主支付成本，如不断上涨的地租。

同理，就业者在城市工作，也可被看作空间搭便车者，因为城市的就业概率高，收入也比乡村要高。但就业者需要住宿，必须付出时间成本，所以其部分收入同样转移为房主的地租，也是地租沉淀。越靠近城市中心区的房屋地租越高，是时间成本逐步降低并兑现为地租的过程，这也是级差地租的意义：地租越高的地方也是无主空间市场势力越大的地方。城市最大的作用是溢出了大量免费和无主的空间市场势力，而土地主和房主只是空间市场势力的兑现者，所以土地主和房主是城市最大的空间搭便车者。地租也为我们提供了一种度量空间市场势力兑现的方法，尤其是无主空间市场势力难以捉摸，几乎无法兑现，只有敏锐的商人才能察觉并兑现，而地租看得见摸得着。

2.4.4　空间市场势力的有主化：空间税

在城市中，市民获取无主空间市场势力会付出各种成本，而地租的获取却没有付出成本，只是因为土地区位的特殊性而获利。这种区位的特殊性并不来自土地自身，而来自土地附近的市场。城市为了提供无主空间市场势力付出了大量的成本，包括公共服务、就业岗位、专业市场、绿化环境等，却没有获得回报，而是以空间搭便车的方式溢出到各种商人、就业者和地租上面，这可以看作城市福利的溢出。由于城市福利的溢出并不平等地惠及每个市民，因此城市经营者需要从空间搭便车行为中收税。商人和就业者缴纳了所得税，但不用缴纳土地税，因为其不拥有土地。获利的土地所有者需要缴纳土地税，获利的房产所有者需要缴纳房产税，可并称为空间税，税基就是地租。美国城市经济学者加夫尼（Gaffney, 2001）认为：那些衰落的街区有极高的潜在市场价值……仅仅和这些耀眼的地区距离数英里或数个街区的地方都不可能没有价值……不更新这些土地是在浪费潜在盈利……对于很多人来说，城市是大苹果……吸引人的价值和强力的磁场……来自世界各地的富有的外国人花顶级价钱在曼哈顿置业，不是因为他们必须这样，而是因为他们想这样……而以前的经济学家并不懂区位价值和它的成因……城市地租是一种社会盈利，所以除了土地主，其他人也可以诉求地租。

加夫尼提出潜在市场价值和社会盈利的概念，并指出这种价值来自区位，已表达了无主空间市场势力的内涵。加夫尼也指出非常重要的一点，即城市地租是社会盈利，也即公共福利，属于市民共有。目前的地租却由土地所有者私有，这是从福利到私利的不公平，也即加夫尼（Gaffney，2001）所说的“公共事业为私人获利”。因此需要对获利的地租征税，才能使得城市公共福利在一定程度上回归。

地租征税的好处是可度量，科斯（Coase，1960）认为征税的困难在于度量问题。美国经济学家乔治（George，2008）因此提出土地单一税理论，指出城市税可由土地税单一实现，实际是征收空间税。加夫尼（Gaffney，2001）定义土地税为土地市场价值的固定征收，来自机会成本。其中土地市场价值即为空间市场势力，机会成本即为成交的等待时间和成功概率的成本。但由于土地所有者数量众多，地租的征税行为本身仍然具有难度，其难度主要在于能否精准识别空间套利者。由于特定区位的房地产有空间搭便车带来的投机属性，因此，在一些能盈利的地段盲目增加房屋供应对于追求空间套利机会的房屋所有者而言，提供了地租兑现的机会，而不能有效地保障无房者的居住，也就在一定程度上偏离了城市政府解决住房问题的初衷。正是由于存在空间套利机会，土地投机者倾向于将资本投向房地产，也就在一定程度上加剧了空间资本化的进程，使得空间搭便车现象日益普遍和严重。正如加夫尼（Gaffney，2001）认为：免税建筑催生了建筑密度，因为建筑密度是土地资本的替代，也更为经济。

2.5　城市的市场悖论

2.5.1　城市远离市场的倾向和挤奶效应

城市形成的基础是市场的吸引力，这种吸引力来源于空间市场势力的创造，吸引了各类人来城市参与空间搭便车行为以获利。随着人口规模越来越大，市场规模越来越大，城市的吸引力也越来越大，城市和人口形成了正向互动的过程。然后吊诡的是当城市拥有大规模的交易行为和稳定而完善的分工体系时，城市却远离或逃避了市场。其原因在于真正的竞争市场充满不确定性，契约分工、空间搭便车和地租获得了稳定的兑现，消除了这种不确定性。不论是房主、店主、工人还是雇员，都会追求兑现而非进一步发现新市场和新交易，因为兑现确定而交易不确定，从而丧失了寻找交易的随机性。城市里的竞争行为更多是争取空间市场势力的竞争，也是对垄断性的确定收益的追逐。对空间市场势力的竞争也成为城市主要的分配方式，而市场竞争成为辅助。城市里的市场萎缩，由随机交易转换为确定兑现，所有市场参与者都在兑现空间市场势力而非寻找新的交易。因此，城市作为空间市场势力的集中地，对人的吸引力并不是交易，而是确定性。每一个市民都追求空间市场势力，因为它稳定、持久、安全。市场交易是城市形成的初始动力，空间市场势力是城市扩张的继发动力，城市也由交易地变为兑现地。

当然不能忽视商人的作用，商人发现了市场，也活跃了城市，但我们在肯定商人的作用时，不能忘记商人的本质：投机性和扩张性，即追逐和扩大空间市场势力兑现，如土地、房产。投机本质使商人倾向于追求垄断，使已有空间市场势力更保值（兑现率高而稳定），而又远离了市场。因为商人追求空间市场势力的目的是兑现更多的货币，也使空间市场势力越来越大，交易人进入市场也需要支付更多成本，这无形中排斥了交易，缩小了市场的交易规模，空间市场势力继而也无法保值或兑现。流通货币度量交易规模，因此也可理解为商人的空间市场势力兑现行为带出大量货币，减少了市场内的流通货币，交易规模同样缩小。费舍尔（Fisher，1930）认为收入是一连串的事件，每个事件都以货币表征，但货币减少使事件无法继续，也使更多人无法通过交易满足需求。

一旦市场内的交易收益下降，商人就会追逐收益更高的市场，并继续阻挡市场内的交易。商人很容易通过占有市场规模而获得空间市场势力，并把市场内的其他交易人挤走。因此商人对空间市场势力的投机就像挤奶，挤干一头牛的奶后又转向另一头牛，直到把每头牛的奶都挤干为止，也称“挤奶效应”。挤奶效应最早的描述来自加夫尼（Gaffney，2001）：死城是被挤干的现金奶牛……诸如偷盗、寄生等各种行为，占用了盈利。问题是它们毫无分别，也阻断了生产动机。盈利越多，诱惑越大。

布罗代尔（Braudel，1984）认为：在伦敦和阿姆斯特丹，生活成本达到难以忍受的水平，尤其是今天的纽约正在失去它的公司和商业，因为它们在逃离高昂的当地消费和地租。

因此也可把“挤奶效应”理解成为城市的资本化，资本攫取了空间市场势力，获得兑现后使得市场衰落，这也是城市衰落的一种根源。

城市经济的任何增长都会受到商人的追逐，比如大企业垄断了市场，小企业无法获得市场规模，只有离开城市，这是空间市场势力的压迫性。商人的行为也形成一种导向：人人都希望像商人一样盈利，因此会盲目追求空间市场势力。当追求空间市场势力变成一种群体行为时，城市市场便不容乐观。如果人人追求空间市场势力，那么交易又在哪里？如果人人都能就业，每个企业都能盈利，那么谁来承担前端的交易风险？当城市的所有需求都被满足时，新的需求又在哪里？空间市场势力使城市的总体交易规模不变或缩小，而城市又因空间市场势力吸引外来人口不断进入，城市的市场将步入不断衰落的恶性循环。由此我们得出城市的市场悖论：城市因为交易而有了空间市场，因为市场而有了空间市场势力；有了空间市场势力后又逃避交易并使交易规模缩小，市场因而衰落，空间市场势力也最终失去。即使出现新市场，也会被投机者利用，那么市场又在何处生存？城市就在这样一个怪圈里循环，因市场而兴的城市也因市场而衰。这就是城市最终远离市场的倾向，也是城市的市场悖论。城市的本质也就变成兑现而非市场，这也是资本的特征。市场对于城市多么宝贵，城市的动力直接来自市场，但空间市场势力又把市场挤走，所以城市挤奶效应造成了市场悖论，使城市不断远离市场，而且该效应似乎不可遏止，一直存在于城市之中，其背后正是空间市场势力的作用。

2.5.2 城市多米诺效应

城市的吸引力在于空间市场势力，人来到城市是为了在市场中满足需求，更是为了占有市场以盈利，但这也形成一种城市危机，因为不断追逐兑现会导致生产规模不断增加，这类似于赌博的投机心理。雅各布斯（Jacobs，1970）认为：生产意味着大规模、高效率的复制，是路径化和标准化的，只有生产才会使市场的权力不断兑现。

城市的一系列分工形式可由产业链表达，并由契约维系。向城市以外出口产品的出口商处于城市经济产业链的前端，出口商的行为也形成了城市外部经济。出口商看到市场的良好前景就会扩大生产，而忽视了需求变化所带来的风险。如果出口商收益增加，也会细分分工环节和延长产业链，因而有更多的上游企业加入。上游企业会利用分工契约兑现出口商的市场势力，比如地租、工资和股息，并借助股市和银行的杠杆效应放大这种兑现诉求，也迫使出口商不断扩大生产规模，比如投入资金、人力、技术和土地，否则无法维持收益。城市中的涨价通常并非个人行为，而体现为市场价的上升，因此企业雇主由于需求价格弹性低，不得不为上游的一系列涨价要求买单。大规模生产实际是产业链的下游出口商和上游企业不断追求市场势力兑现的不可逆过程。产业链日趋庞大，承载了越来越多的资金和人力，城市规模也日趋增加，这同样是集聚的结果。

获利和避险是人类的本性，但大规模生产却增加了整个产业链的风险——既包括交易风险，也包括产业链延长和细分以后的契约风险。如果出口商因交易变动而停止或减少生产，则链式法则导致契约都不能履行。因此一旦某个环节不能完成，整个产业链也将断裂。布罗代尔（Braudel，1984）曾认为：（产业链上）不同部分之间的连接很弱，经常缺位，每部分都可能是瓶颈，过程从不会很顺利。

我们可用多米诺骨牌来类比城市产业链，因为产业链形成的上下游连接关系就像多米诺骨牌，如果出口商因交易失败而衰落甚至崩塌，上游企业也会相应衰落甚至崩塌，就像多米诺骨牌跌倒后所形成的连锁反应，这是风险的上行传递，也可称为城市多米诺效应。另外上游企业共同的逐利行为将最终压倒出口商，就像压死骆驼的最后一根稻草，这是风险的下行传递，也是城市多米诺效应。由于分工中存在违约动机，一旦契约无法兑现，上游企业便会选择离开，出口商也会欺压其他企业以转移风险，如破产、负债、欠薪。城市由此失去交易能力。可见城市多米诺效应本质上是由空间市场势力导致的，有空间市场势力则聚，无空间市场势力则散。只要追逐空间市场势力的行为出现，多米诺效应就可能发生。

多米诺效应的特征是前端微小的波动会造成后端巨大的波动，因此城市产业链前端的微小损失也会造成整个城市的巨大损失。多米诺效应使城市衰落，主要表现为空间市场势力兑现率的下降，如地租、工资、税率等，同时物价上升，并由此造成住房空置、失业、银行和商店倒闭、公共服务停滞、人口外流等现象。这些现象正如雅各布斯（Jacobs，1970）所预言的城市停滞，都不幸地发生在了如美国的底特律等城市。

2.5.3 城市企业家和契约精神

即使城市存在市场悖论和多米诺效应，仍然有人会主动创造新的交易，这些人就是企业家群体。市场仍是城市的核心，因为城市存在的前提就是不间断的交易，没有交易，城市就不复存在。因此城市需要努力寻找创造交易机会的人，并发起分工。这种人主要是企业家，我们可称其为城市的先导。雅各布斯（Jacobs，1970）所说的城市经济，就是企业家为所有市民牟取的福利。探索是一种本性，人类天生对未知事物感兴趣，并追求未知利益。当本地市场饱和或缩小时，企业家必须去外地开拓新市场，由此商品才会源源不断地输出，本地分工也会维持并增加。外地市场很广阔，不受规模限制，可为城市提供持续动力，这也是出口经济的动机。正如雅各布斯（Jacobs，1970）所认为的：出口商为本地经济创造了出口机会。

让我们来看看城市里还在努力寻找交易机会的人群：除了那些出口商，还有不断推销的游商、不断开拓的小公司、不断求索的研究者和不断创作的艺术家……他们的共同特点就是不甘稳定、探寻未知。也可认为他们都是商人，因为他们也在追逐利益，并将其转换为空间市场势力，但他们的行为动机有强烈的个人特征，在于他们不依附于其他人，敢于进入市场，面对风险。这种勇气也使他们区别于大多数依附于空间市场势力的人。他们经营自己的企业并欢迎其他人加入分工，体现了社会合作的精神。为何城市会持续出现企业家？因为当城市因交易下降而衰落时，空间市场势力再无盈利可能，总要有人重新开始交易，否则无法生存。商人会最早开始交易，也是一种自救。

我们也可思考契约对城市的意义。城市的优越之外在于契约的完善，契约保证了城市正常运营，因为人人都能获得稳定收益。因此我们可以以契约为基准来观察城市问题，包括人口规模增加、交通拥堵、职住失衡、房屋空置。但契约降低了城市的弹性。如果契约太完善，则当交易风险来临时城市将缺乏抵抗力。反而不完善的契约对于城市会有正面作用：契约失效使分工失效，人群不能参与分工，只能四处移动以寻找交易对象，城市由此再度回到市场中。人们都不希望面对不确定的契约，但这的确给城市带来了新的机遇。好的契约可能带来坏的城市，坏的契约可能带来好的城市，这正是城市的两面性。

除契约外，理想的分工关系是互惠关系，但城市的人口组成复杂多样，且来去自由，因此无法保证人人都能遵守。假设城市以互惠为准则，则如果分工出现卸责问题，将只能以伦理和道德监督而无法以法律监督。伦理和道德的非标准性和非度量性使监督本身无法公平，而这恰好和市场的公平准则相悖，因此不适用于城市。契约仍旧是保证城市公平和安定的基本准则，所以城市无法离开契约。互惠可作为契约的补充，城市文明的标志就是互惠，这也大幅减少了政府为保证契约有效而支付的监督和惩罚成本。

2.6　城市创新的方式

2.6.1　转换：本地进口替代

创新就是发现并创造新市场，没有市场，城市会衰落。但城市并不会马上消亡，它仍将维持运转。原因主要在于城市的空间惯性，所以空间惯性是城市衰落的阻力。城市的空间惯性主要指本地需求，即使出口经济下降，本地人口的固有需求仍不会减少，因此城市经济还能得以维持。这使城市人口不会出现较大起伏，并保证了城市空间市场势力的稳定性。正如布劳（Blau，1964）认为的：稳定的社会生活意味着刚性，这种刚性使社会生活很难适应变化的条件。

当城市兴盛时，分工使本地经济被外部进口经济替代，城市可专注于出口经济。当城市衰落时，重新创造市场最稳妥的方式就是原有的进口经济被本地经济替代，即雅各布斯（Jacobs，1970）提出的分工本地化。进口是一种分工，因为外地企业有比较优势。本地化生产替代进口，使失业人口可转而就业，亏损企业也可获得新交易。本质上这种替代并没有创造新需求，而只是分工参与者的转换，或可认为是从分工向自给自足的转换，是分工效率的下降，但不得已而为之。这种替代可维持城市经济规模，就像一个自给自足的小农家庭，但不会扩大城市经济规模，因为关键的出口经济并没有增加甚至是减少的。因此雅各布斯（Jacobs，1970）认为阻碍出口经济的原因也损害了进口替代，而且本地进口替代并不能保证出口经济增加。另外，大城市由于人口多、需求多且层次高，因此消费量大，城市经济规模受出口经济影响不大；小城市由于人口少、需求少且层次低，而且受出口经济影响收入降低，因此消费量小，城市经济规模大幅下降，即使进口替代也不能真正复兴。而且本地需求很容易满足，丧失了需求价格弹性，则城市失去了维持经济的动力。

不过雅各布斯（Jacobs，1970）也提出了一种可能性，即转向本地需求的小企业因为面临更多的不确定性而形成创新行为，可能成为新的出口经济。因为本地化生产可能形成新的产业链，进而形成新的出口经济，这也是部分出口经济的成长路径。

2.6.2 分离：企业的创新

底特律代表了美国一系列城市的衰落，美国城市经济学者格莱泽（Glaeser，2011）认为：1950年底特律还有185万人，2008年只有77.7万人，而且在不断减少。底特律和其他工业城市的衰落并不能反映城市的任何弱点，只能说明它们缺乏城市再创新的关键因素……城市繁荣的关键是拥有很多小企业和专业市民。

底特律的根本问题在于，其产业链单一，前端只有汽车业，其他行业都是该产业链的参与者；一旦汽车业波动，层层契约使整个城市都受到巨大影响。因此底特律也是城市多米诺效应的最佳范例。单一而冗长的产业链对于城市而言风险很高，如果出口经济前端效益下降，城市为了减缓衰落，只能增加更多独立的产业链，产业链内部也增加分支，这就是格莱泽所说的小企业和专业市民。这样不仅可保证一个产业链发生多米诺效应时其他产业链正常，也可保证产业链不至于在中间某环节断裂。因此产业链分离也是城市创造市场的方式。

分离虽为被迫，却使分工参与者变成发起者而直面交易，也即新企业家离开旧企业，自立门户。企业家要敢于把市场势力转换为不确定的交易，虽然这可能意味着失败。我们可称这种企业分离行为是创新，因为分离意味着复制原有产业链已无可能，只能开始创新。雅各布斯（Jacobs，1970）进而提出城市创新的内涵：用新作品取代旧作品。促进规模生产和分配的条件与促进发展的条件完全不同……发展意味着尝试、错误、浪费和失败，缺乏效率……成功不等于确定，因为需求不确定……发展使城市免于衰落……熟练工人从现有企业里的分离促进了新作品的发展和新企业的诞生。赫希曼（Hirschman，1958）指出：为了发展的目的，必须发挥和利用那些潜在、分散及利用不当的资源和能力。

发展是创新而不是扩大生产规模，因为创新是提高个人风险而降低城市风险，扩大生产规模是降低个人风险而提高城市风险。效率和扩大生产规模对应，或认为发展使城市回到市场，效率使城市远离市场。

企业的创新一般由本地市场开始，因为对于小企业而言本地市场最易接近，而开拓外地市场则没那么容易。雅各布斯（Jacobs，1970）认为大城市是各种小企业天然的经济家园。当本地需求已满足时，企业就需要创造更多的新需求以促进消费。因此新需求包括尚未满足的需求、全新的需求和降低需求价格弹性，新市场包括三种：未发现的市场、未知的市场和改良的市场。第一种有赖于寻找和发现，即赫希曼所言发现潜在、分散及利用不当的资源和能力。

第二种有赖于技术、观念和方式的不断革新。第三种是已有商品的改良，如更美味的食品、更方便的服务、更实用的工具，或消费更多，如广告和营销的作用。新需求并非全部有益，有些可能导致城市的过度消费，如博彩、娱乐、美食、时装、珠宝、汽车，可统称为奢侈业。改良或消费更多商品虽然增加了买方需求价格弹性，但也会造成不必要的消费，使城市发展不可持续。

相对而言，继续发掘市场是良性的分离方式。城市的需求不可能全部满足，所以游商对未发现的需求特别敏感，到处寻找那些未满足需求的买方，买方也到处寻找可满足自己需求的机会。我们不妨关注这些人：求职者、小贩、卖艺者、发传单者、推销员……他们没有市场势力，无法兑现，只有努力创造交易，不然无法生存。为了满足需求，他们在寻找或激发城市里潜在的交易，形成一个特殊市场并始终活跃其中。他们也属于游商：没有固定的空间，行动路径不规则，靠近人群，行动范围遍及整个城市。他们也有简单的分工，但和城市的主要产业链完全分离，也不会对城市出口经济有贡献。他们虽然也是城市的搭便车者，但我们不可否认他们通过自我行动满足了需求。这种方式补充了政府和企业的空白，也给城市发展提供了一种思路：如何寻找那些未满足的需求，而不仅是创造新需求。

2.6.3　搭便车：事件经济和闲暇经济

还有一种城市创新方式就是制造事件，因为事件维持了城市的交易并带来收入。除了事件本身产生需求外，事件和事件之间的交通成本也可利用。比如旅游业，城市只需等待游客即可，既增加了就业，也不用额外生产。旅游资源有独特性，给城市带来了空间市场势力，无须跟其他城市竞争。旅游是整个城市参与的空间搭便车，因为游客来到城市，则游客的吃、住、行、购都需在城市内解决，这给城市商人带来大量机会。费舍尔（Fisher，1930）认为“收入是一连串的事件”，旅游代表了一类可引发一连串事件的行业，如节事、比赛、会展、表演，可称为事件经济，其城市也可称为事件城，是出口城市中最典型的一种。

和事件经济相对应的是闲暇经济。城市生活的特征是时间成本高且事件多，因而也产生大量的闲暇，也会产生需求，形成集聚，是空间搭便车的主要来源，也是游商最关注的部分。事实上很多城市现象都来自闲暇经济，比如交通拥堵并不一定是由交通方式落后或道路供应不足造成的，而可能是来自区位差异和空间惯性：就业者目的地趋同，且时间特征一致，如上下班时段，因而集聚并拥堵在道路上，产生了大量的时间成本。这些时间成本也是新的搭便车机会，可称为拥堵经济，是闲暇经济的一种，如汽车广播、移动电视、顺风车、道路广告、外卖等，都是拥堵经济的表现形式。

2.7 市场势力对城市空间规划的启示

2.7.1 城市公共产品的供给

在空间市场势力影响城市的过程中，我们也可由此思考城市空间规划的作用。城市中未被满足的需求包括时间和空间的差异。有些需求现时无法满足，如很多人都无力购买房屋。有些需求现地无法满足，如居住地附近没有运动场。由此可认为城市公共产品的作用是在时空上尽量均等地满足市民无法通过市场满足的需求。这也符合经济学家萨缪尔森（Samuelson，1954）对公共产品的定义：公共产品是人人都能均等消费的产品，具有非排他性。排他性（商业性）公共产品虽然有交易，但仍有均等性。公共产品和福利不同，福利是给予弱势群体搭便车的机会，如捐赠和教育，和基本需求无关；公共产品满足市民的基本需求，需求价格弹性很低，如健康、居住和安全。市场是城市资源的基本分配逻辑，而公共产品和福利是迥异于市场的分配逻辑的，包括按需、平均、竞争、随机、排队。因此，城市空间规划以提供公共产品和福利为己任，考虑城市整体需求而非个体，考虑长远利益而非短期利益，是市场的有效补充。市场逻辑和规划逻辑互补，共同构成城市空间资源的分配机制。城市空间规划也管制了公共产品和低弹性商品的市场价，因为这些商品和基本需求有关，如被少数人控制市场价则会形成垄断。因此，城市空间规划的公平性导向为城市的不良市场行为提供了管控机制。

另外，城市空间规划一方面通过提供公共产品，包括道路、广场、公园、街巷、景区等，为市民带来了更多的空间搭便车的机会，从而吸引更多的人来到城市谋生，进一步提高城市能级，扩大城市规模，这也是城市空间规划促进城市发展的意义所在。另一方面，城市空间规划需要防止的是公共产品私利化的倾向，即过度的搭便车行为和地租对空间市场势力的攫取式和不劳而获的利用，因为这些行为减少了其他市民的获利机会，增加了其他市民的成本，损害了大多数市民的公利，对城市正常的市场秩序产生了干扰，导致了城市市场悖论的出现。因此，为了保证城市市场行为的健康度，城市空间规划还可建立市场调节机制，如空间税的设立、企业创新行为的保护等，不仅要为提供空间市场势力的市场主体提供产权保护和补偿，还要对过度的空间套利者进行一定程度上的惩罚。例如在纽约苏荷艺术街区的更新中，艺术家利用低成本空间创造了街区的活力，吸引了人气，但却吸引了商人和资本的进驻，不仅提高地租，而且利用人气，反而逐渐把艺术家挤出街区，也就形成了街区的士绅化现象。士绅化无法通过正常的市场机制调和，因此需要城市空间规划的介入，抑制地租过高和过度商业化现象，从而保证艺术家的利益，因为艺术家才是最应该保护的创新主体。正如雅各布斯（Jacobs，2011）所言：提高城市地产因邻居的增值收益而带来的估值是一种控制过度复制的有力工具……提高城市税基并不是为了压迫每个地点的短期征税潜力，而是扩大城市成功地区的地域质量。强大的税基也是强大的城市吸引力的副产品。

2.7.2　空间功能复合

人进入城市，是因为城市里能满足更多需求，空间搭便车机会更多。这是一种累积效应，随着城市规模越来越大，市民的时间成本越来越高，空间市场势力也越来越大，土地越来越稀缺，所以才会出现越来越多的摩天大厦，形成空间功能复合。空间功能复合指在有限空间内复合各种功能，因而集中了空间市场势力。空间功能复合是城市空间利用的主要特征，比如城市综合体。人在城市综合体里可利用一系列功能，如餐饮、购物、娱乐、健身，不用付出更多时间成本，既享受了方便，又提高了成交概率或地租。比如买方习惯于去超市购物，因为超市里商品品种多，可满足大部分需求。如果买方去附近分散的小商店购买，每家店都不会买太多，而且总计时间成本很高。如果集中去一个超市购买，虽然单次时间成本提高，但总计时间成本降低，所以买方会买更多，改进的霍特林空间垄断竞争模型证明购买低需求价格弹性商品的买方的交通成本和购物成本相等。克里斯塔勒（Christaller，1966）也认为：为买 3 个小面包而去克服 2 ～ 3 公里距离是不合算的，而居民们宁可走 5 公里到城镇或集市上大量购买商品。

因此超市、城市综合体仍然类似游商，深谙“靠近”法则，利用空间功能复合把所有商品都送到人的身边，既节省了时间成本，又把无主空间市场势力转换为有主空间市场势力，继而通过提升成交概率或地租兑现获利，是一种买方和卖方的双赢。空间功能复合解释了城市区位的形成（如中心商业区），降低了功能的需求价格弹性，缩小了市场范围，增大了空间市场势力，因而提高了地租，也使行为路径化越来越显著：大家为了享受方便而去同一个地方，因而形成了交通拥堵，又增加了时间成本。因此在城市空间规划中，对于商业布局要有体系性思考，除了培育中心商业区和综合体功能，还需要培育层级化的商业网络，保证中小型商业能够散布在城市空间中，从而和中心商业区形成互补作用。

2.7.3 空间活化

空间功能复合也揭示了空间活化的特征：能够吸引人群的主导功能入驻免费或低价空间，搭便车者因而集聚，带来其他辅助功能；搭便车者自身也创造了新的无主空间市场势力，进一步引起集聚，由此空间市场势力不断累积并增大，形成了空间的主导功能。主导功能可能不是由空间所有者发起的，如艺术家进驻旧街区和街头艺人表演，可能为非正常空间利用，并受到管制，但确实有吸引力。和主导功能一样，形成辅助功能的群体一般也为游商，如菜市场、便利店、小餐馆、水果店和街头小贩。这些功能虽然盈利低，组合在一起却能吸引各层级人群，形成空间活力。雅各布斯（Jacobs，2011）认为工作和居住的结合催生了旧区的多样性，可以最大限度地发挥其经济优势。

空间活化是城市发展的缩影，也是城市空间规划的补充。城市空间规划引入的空间功能需要付出成本，且可能事与愿违，原因在于城市开发涉及变更空间功能，在空间转让过程中双方产权人会对空间市场势力兑现率产生理解差异，也即无法精确度量地租。比如旧区改造中空间功能由居住变为商业，在产权转让的谈判中居民会以商业功能出价，而开发者倾向于以居住功能出价，二者显然存在价差，这是因为双方的预期不同。居民认为该空间一定会带来商业收益，实际是把不确定出现的无主空间市场势力强制转换为有主空间市场势力，和空间活化中的地租收益相同，相当于提前兑现。而开发者并不能保证带来商业收益，即不认为会确定出现无主空间市场势力。居民把开发风险转嫁到了开发者身上，自己只要求无风险地提前兑现。而空间活化完全是游商的自主市场行为，也是一种低成本、低风险的城市开发方式，因为游商总能发现免费和无主空间市场势力，而城市空间规划注意不到。因此城市开发并非以拆旧建新为主，如此成本和风险都很高，且空间建设行为不可逆。在城市更新中，城市空间规划也许应该更多地考虑引入空间活化人群，他们是点燃片区重生的助推器，而不仅仅是只考虑空间的主导功能。

2.7.4 区划的作用

由空间活化也引发了对“区划”（zoning）的思考。区划是城市空间规划中一种常用的限定空间功能的方法，用于欧美地区的城市空间规划管制中。科斯托夫（Kostov，1993）认为：区划的作用是促使工作地和居住地的分离，为创造单一使用功能的城市发展区提供条件。

科斯（Coase，1960）认为：法定的规划和区划有时难以提供评价标准。

区划固化了空间功能，是为了提高空间利用的精准性，抑制空间功能复合和空间搭便车带来的额外地租收益因为其是一种投机行为。比如在旅游景点旁的住宅里开民宿，房主利用了周边的旅游景点吸引的人流，却免去了开旅馆的成本和征税，是典型的空间搭便车。如果城市中心区的商业用地改为居住，则本可在此开商店的机会消失，商人无法入驻，这对城市经济也是一种损失。区划规定住宅只能用作居住和商业用地只能用作商业，即否定了不良空间搭便车和空间错位的可能性，从而提高了城市空间利用的效率，维护了城市空间供给的公平性。区划希望空间功能和空间类型一致，以清晰监控空间利用行为，不仅可抑制投机，还可对其征税，所以区划实质是一种抑制投机和征税的工具。区划希望地尽其用，减缓了空间市场势力的不良利用，保护了城市经济的日常运转，这非常难得。但区划对空间功能的固化有可能是一厢情愿，因为城市空间功能随时在变，且并不一定和空间类型绝对一致，如在住宅里办公或生产的现象比比皆是。区划虽有法律效力，却只提供了一种参考性框架，而缺乏执行力以抑制空间搭便车和空间错位。执行力的阻碍来自区划缺乏对空间产权的管控，因为房主有权决定空间功能，区划并不能。

区划固化了公共空间，如广场、体育场、公园，保障了免费的无主空间市场势力，为市民提供空间搭便车机会，但有福利变私利的可能性。对于私人空间，区划则有可能落入产权人精心设置的地租兑现“圈套”。当产权人要求改变或维持空间功能时，我们如何判断其是生产功能改变的合理要求，还是利用功能追求地租？雅各布斯（Jacobs，2011）认为新区的区划排除了其他功能的竞争，且对经济收益有要求，因此只有连锁店、超市等大企业可以入驻，而不是那些小企业。再比如房地产有可能成为空间市场势力的投机形式，由此形成空置，浪费了大量交易机会，区划也为这种投机赋予了合法性。区划的作用是防止投机，而在房地产投机和空间活化中，区划却在一定程度上变相地掩盖或“纵容”了投机。区划的这种两面性来自空间市场势力，因为区划作为一种客观的工具，有可能被空间市场势力操纵。如果不能用空间税合理调节空间市场势力的作用，那么区划将有失公平。地租虽然是区划的对立面，但利用地租的度量作用征收空间税，也可能使区划更有效力。

挤奶效应无论对城市经济还是对城市空间都有影响；投机无处不在，掌握了空间市场势力而控制市场，因此即使创新成功或空间活化，也可能使城市走向衰落，这成为城市发展的一种规律。减缓城市衰落有赖于保护城市经济和空间利用的不确定性，因为不确定性保留了发展的机会，免于城市经济和空间被挤奶效应吞噬，也就保证了城市的多样性。因此区划与其固化空间功能，不如保护空间利用的不确定性。比如对于历史街区，在不知道如何开发和是否会产生收益的情况下，保护是最好的选择。区划对公共空间的保护也是同样的道理，因为公共空间没有个体所有者，可避免挤奶效应。保护空间利用的不确定性可在一定程度上保护未来无主空间市场势力的成长，由此可减缓城市衰落，这也是其具有的深远意义。

第3章　市场势力影响城市空间的实证研究——扩展霍特林空间竞争模型

城市空间竞争是商人为了争夺空间搭便车机会而提高成交概率的竞争。当某地的市场规模不足以支撑若干商人在此获利时，商人们就会扩大市场规模。因此城市空间竞争的结果就是每个商人都占据一定区域的市场份额，在城市空间内分散，形成各自的空间市场势力范围，范围大小也标志着空间市场势力的大小。通过对坐商和游商的扩展霍特林空间竞争模型（简称扩展霍特林模型）的推导得出结论，我们发现空间竞争的最大化效益的结果是商人的空间市场势力范围将趋同，也即商人由空间竞争趋于空间均衡分布，而与售价和需求价格弹性无关。

3.1　基于坐商的扩展霍特林模型推导

3.1.1　模型说明

霍特林模型研究的是一条直线上两个卖方的空间市场势力范围和售价问题（图3-1），其假设条件是卖方位置固定（坐商），因此卖方的空间市场势力范围由分别去两家购买商品所支付的成本相同的买方所在的临界点决定，前提是满足买方成本最低。霍特林模型的结论是：当卖方收益最高时，其售价和总距离、卖方各自腹地距离及买方交通费率正相关；当腹地距离相等时，卖方售价和市场势力范围相等。

霍特林模型还可扩展的问题主要包括三个方面：第一，原模型认为总价等于售价与运价之和，没有考虑买方单次购买量、机会成本和人口密度。第二，原模型研究的是一条直线，类似于一条街，没有涉及空间分布。在多个卖方分布的情况下，市场腹地可以取消。第三，原模型研究了坐商出售低弹性商品的情况，未研究移动的卖方（游商）出售高弹性商品的情况。因此对霍特林模型进行扩展并推导，包括直线分布和空间分布、坐商和游商的情况，其中直线分布是空间分布的基础，因为思路相同。空间分布如图 3-2 所示，采取最常见的六边形，仍然考虑两个卖方 A 和 B 的情况，卖方位于六边形中心，六边形边长即各自的空间市场势力范围的影响距离，分别为 x 和 y。研究问题即为卖方的空间分布是否如图 3-2 一样均等，即 x 是否等于 y。

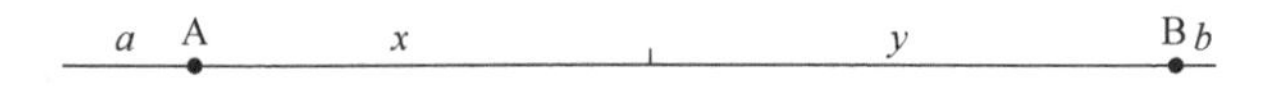

Market of length l=35. In this example a=4, b=1, x=14, y=16.

（A、B 为卖方所在地，x、y 为空间市场势力范围，a、b 为市场腹地）（Hotelling，1929）

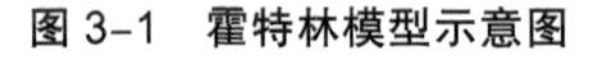

图 3-1 霍特林模型示意图

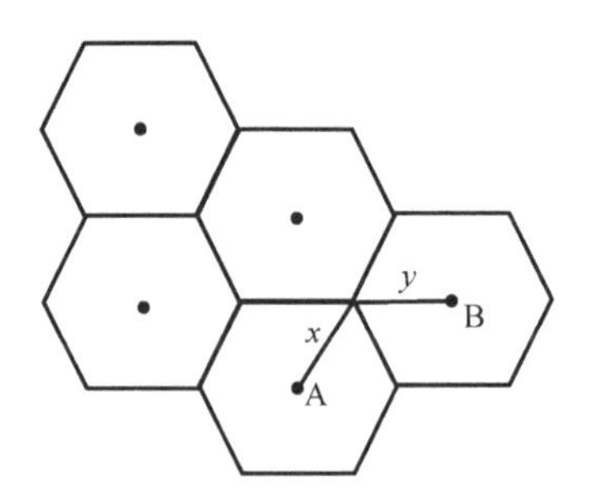

图 3-2 卖方空间市场势力范围空间分布示意图

3.1.2 直线模型推导

直线两端有两个卖方 A 和 B，售卖同一种商品，该商品的需求价格弹性很低，因此范围内的买方只能从 A 或 B 处购买商品。由此进行如下假设。

（1）直线上人群均等分布，人群密度为 d。

（2）直线上人群平均单位时间工资为 s。

（3）直线上人群购买商品的交通平均速度为 v。

（4）直线上人群购买商品所需往返时间为 t。

（5）直线上人群单次平均购买量为 q。

（6）直线长度为 l；卖方 A 和 B 各自空间市场势力范围的距离分别为 x 和 y，$x+y=l$，亦即 x 和 y 所在的范围分别代表买方对 A 和 B 的选择，在 x 所在点达到买方选择的均衡。

（7）买方总成本等于购物成本与出行成本之和，如果不考虑商品运输成本，则买方出行成本为机会成本，即在这段时间内如果工作所获得的报酬。因此买方总成本只和时间有关，而和路线、交通方式无关，为 $pq+st$。

（8）卖方A和B售卖价格分别为p_1和p_2，销售量分别为q_1和q_2，收益分别为π_1和π_2，销售量为直线上空间市场势力范围内所有买方购买量的总和，即$q_1=xdq$，$q_2=ydq$，因此有$\pi_1=p_1q_1=p_1xdq$，$\pi_2=p_2q_2=p_2ydq$。

根据上述假设，买方成本最低时有：

$$p_1q + st_1 = p_2q + st_2 \quad ①$$

$$vt_1 = 2x \quad ②$$

$$vt_2 = 2y \quad ③$$

$$2l = 2x + 2y = vt_1 + vt_2 \quad ④$$

联立式①②③④求解，得：

$$t_1 = \frac{1}{2}\left[\frac{2l}{v} + \frac{(p_2 - p_1)q}{s}\right] \quad ⑤$$

$$t_2 = \frac{1}{2}\left[\frac{2l}{v} + \frac{(p_1 - p_2)q}{s}\right] \quad ⑥$$

则卖方A和B的收入分别为：

$$\pi_1 = p_1xdq = \frac{1}{2}p_1t_1vdq = p_1vdq \times \frac{1}{4}\left[\frac{2l}{v} + \frac{(p_2 - p_1)q}{s}\right] \quad ⑦$$

$$\pi_2 = p_2ydq = \frac{1}{2}p_2t_2vdq = p_2vdq \times \frac{1}{4}\left[\frac{2l}{v} + \frac{(p_1 - p_2)q}{s}\right] \quad ⑧$$

考虑收益最大化条件，那么按照霍特林模型的推导方式，分别对π_1和π_2以p_1和p_2求一阶偏导，结果为：

$$\frac{\partial \pi_1}{\partial p_1} = \frac{1}{4}\left[2dql + \frac{vdq^2}{s}p_2 - \frac{2vdq^2}{s}p_1\right] \quad ⑨$$

$$\frac{\partial \pi_2}{\partial p_2} = \frac{1}{4}\left[2dql + \frac{vdq^2}{s}p_1 - \frac{2vdq^2}{s}p_2\right] \quad ⑩$$

π_1和π_2取最大值的条件是$\frac{\partial \pi_1}{\partial p_1}$和$\frac{\partial \pi_2}{\partial p_2}$皆为0，所以带入⑨⑩两式，并令：

$$常数 A = \frac{sl}{vq} \quad ⑪$$

联立式⑨⑩⑪求解得：

$$2p_1 - p_2 = 2A \quad ⑫$$

$$2p_2 - p_1 = 2A \quad ⑬$$

联立式⑫⑬求解得：

$$p_1 = p_2 = 2A = \frac{2sl}{vq} \quad ⑭$$

联立式②③④⑤⑭求解得：

$$x = y = \frac{l}{2} \quad ⑮$$

另对式⑦⑧求二阶偏导：

$$\frac{\partial^2 \pi_1}{\partial {p_1}^2} = -\frac{vdq^2}{s} < 0；\quad \frac{\partial^2 \pi_2}{\partial {p_2}^2} = -\frac{vdq^2}{s} < 0$$

可知函数为凸函数，因此满足 π_1 和 π_2 在一阶偏导为 0 时取最大值的充分条件。

3.1.3 空间模型推导

之前的假设（1）～（7）仍然适用，假设（8）中销售量为六边形市场范围内所有买方购买量的总和，即 $q_1 = \frac{3}{2}\sqrt{3}x^2dq$ ，$q_2 = \frac{3}{2}\sqrt{3}y^2dq$ 。公式①～⑥仍然适用，之后改为：

$$\pi_1 = p_1 \times \frac{3}{2}\sqrt{3}x^2dq = \frac{3}{8}\sqrt{3} \times p_1{t_1}^2v^2dq = \frac{3}{8}\sqrt{3} \times p_1v^2dq \times \frac{1}{4}\left[\frac{2l}{v} + \frac{(p_2 - p_1)q}{s}\right]^2 \quad ⑯$$

$$\pi_2 = p_2 \times \frac{3}{2}\sqrt{3}y^2dq = \frac{3}{8}\sqrt{3} \times p_2{t_2}^2v^2dq = \frac{3}{8}\sqrt{3} \times p_2v^2dq \times \frac{1}{4}\left[\frac{2l}{v} + \frac{(p_1 - p_2)q}{s}\right]^2 \quad ⑰$$

按照霍特林模型的推导，分别对 π_1 和 π_2 以 p_1 和 p_2 求一阶偏导，结果为：

$$\frac{\partial \pi_1}{\partial p_1} = \frac{3}{8}\sqrt{3} \times v^2dq\frac{1}{4}\left[\frac{4l^2}{v^2} + \frac{p_2^2q^2 - 4p_2p_1q^2 + 3p_1^2q^2}{s^2} + \frac{4lq}{vs}(p_2 - 2p_1)\right] \quad ⑱$$

$$\frac{\partial \pi_2}{\partial p_2} = \frac{3}{8}\sqrt{3} \times v^2dq\frac{1}{4}\left[\frac{4l^2}{v^2} + \frac{p_1^2q^2 - 4p_1p_2q^2 + 3p_2^2q^2}{s^2} + \frac{4lq}{vs}(p_1 - 2p_2)\right] \quad ⑲$$

π_1 和 π_2 取最大值的条件是 $\frac{\partial \pi_1}{\partial p_1}$ 和 $\frac{\partial \pi_2}{\partial p_2}$ 皆为 0，所以带入⑱⑲两式联立⑪求解得：

$$3p_1 - p_2 = 2A \quad ⑳$$

$$3p_2 - p_1 = 2A \quad ㉑$$

联立式⑳㉑求解得：

$$p_1 = p_2 = A = \frac{sl}{vq} \tag{22}$$

联立式②③④⑤㉒求解得：

$$x = y = \frac{l}{2} \tag{23}$$

另对式⑯⑰求二阶偏导：

$$\frac{\partial^2 \pi_1}{\partial {p_1}^2} = -\frac{3lq}{vs} < 0；\quad \frac{\partial^2 \pi_2}{\partial {p_2}^2} = -\frac{3lq}{vs} < 0$$

可知函数为凸函数，因此满足 π_1 和 π_2 在一阶偏导为 0 时取最大值的充分条件。

同理可知，当市场势力范围为正方形或圆形时，㉒和㉓式仍然成立。

3.2　基于游商的扩展霍特林模型推导

3.2.1　直线模型推导

如果卖方 A 和 B 为游商，则情况有所不同，此时卖方需要寻找并靠近买方，买方只需等待，此时的卖方是游商。在直线模型里，之前的假设（1）~（8）皆适用，另进行如下假设。

（9）卖方 A 和 B 分别从直线两端向另一端前进并兜售商品，成交概率为 P。P 和售价负相关，即售价越高，成交概率越低。因此设 $P = f(p)$，并令 $P = f(p) = 1 - ap$，a 为常数，且 $ap < 1$；所以 P 是售价 p 的一次线性函数。

（10）假设 $p_1 > p_2$，则 $P_1 < P_2$。

（11）假设卖方 A 在走到距离 x 处和 B 相遇，之后二人继续前进，直至直线另一端。

（12）假设卖方 A 和 B 的收益分别为 θ_1 和 θ_2。

根据假设（10）可知，卖方 A 和 B 相遇之前，各自的成交额为 $dqxp_1P_1$ 和 $dqyp_2P_2$。A 和 B 相遇之后，A 在线段 y 内不会成交，因为其售价大于 B；B 在线段 x 内的成交额为 $dqxp_2(P_2 - P_1)$。A 在线段 y 内付出的成本为其本应成交的部分，即 $dqyp_1P_1$；B 在线段 x 内付出的成本为其本应成交而被 A 成交的部分，即 $dqxp_2P_1$。由此我们计算卖方 A 和 B 的收益为：

$$\theta_1 = dqxp_1P_1 - dqyp_1P_1 \tag{24}$$

$$\theta_2 = dqyp_2P_2 + dqxp_2\left(P_2 - P_1\right) - dqxp_2P_1 = dqlp_2P_2 - 2dqxp_2P_1 \quad ㉕$$

按照霍特林模型的推导，分别对 θ_1 和 θ_2 以 p_1 和 p_2 求一阶常导和偏导，结果为：

$$\frac{d\theta_1}{dp_1} = dq(2x - l)(1 - 2ap_1) \quad ㉖$$

$$\frac{\partial\theta_2}{\partial p_2} = dq(l - 2lap_2 - 2x + 2xap_1) \quad ㉗$$

θ_1 和 θ_2 取最大值的条件是 $\frac{d\theta_1}{dp_1}$ 和 $\frac{\partial\theta_2}{\partial p_2}$ 皆为 0，所以带入㉖㉗两式求解得：

解 1：$x = \frac{l}{2}$，$\frac{p_1}{p_2} = \frac{l}{x} = 2$ ㉘

解 2：$p_1 = \frac{1}{2a}$，$p_2 = \frac{1}{2a}\left(1 - \frac{x}{l}\right)$，$\frac{p_1}{p_2} = \frac{l}{(l - x)}$ ㉙

另对式㉔㉕求二阶常导和偏导：

当 $2x - l > 0$ 时，$\frac{d^2\theta_1}{dp_1^2} = -2dqa(2x - l)\,p_1 < 0$，反之亦然，说明 θ_1 是凸函数，$2x - l = 0$ 时达到函数顶点。$\frac{\partial^2\theta_2}{\partial {p_2}^2} = -2dqla < 0$，说明 θ_2 是凸函数。因此满足 π_1 和 π_2 在一阶偏导为 0 时取最大值的充分条件。由此我们也可判断，解 1 是正解。

我们也可继续考察 $P = f\left(p\right) = 1 - ap$。构造函数 $P = f\left(p\right) = 1 - a^n p^n$，$n$ 为正整数，代入式㉔㉕两式求解，得：

$$x = \frac{l}{2},\ \frac{p_1}{p_2} = \sqrt[n]{n + 1} \quad ㉚$$

当 $n \to \infty$ 时，$P \to 1$，$\frac{p_1}{p_2} \to 1$，即 $p_1 = p_2$；说明当成交概率不受售价影响时，A 和 B 的售价相同。成交概率不受售价影响也表明此时买方的需求价格弹性很低。因此我们也可认为当需求价格弹性很低时，卖方售价相同。

3.2.2 空间模型推导

游商的空间模型类似于直线模型的推导，只不过卖方影响范围变成了六边形。此时卖方 A 和 B 的收益为：

$$\theta_1 = \frac{3}{2}\sqrt{3}dqx^2 p_1P_1 - \frac{3}{2}\sqrt{3}dqy^2 p_1P_1 \quad ㉛$$

$$\theta_2 = \frac{3}{2}\sqrt{3}dq(x^2 + y^2)\ p_2P_2 - 3\sqrt{3}dqx^2p_2P_1 \quad ㉜$$

同理求解得：

$$x = \frac{l}{2},\ \frac{p_1}{p_2} = 2 \quad ㉝$$

当 $n \to \infty$ 时，$P \to 1$，$\frac{p_1}{p_2} \to 1$，即 $p_1 = p_2$；说明当成交概率不受售价影响时，A 和 B 的售价相同。成交概率不受售价影响也表明此时买方的需求价格弹性很低。

3.3　模型结果讨论

3.3.1　坐商空间模型结果的讨论

$p = \frac{sl}{vq}$ 和 $x = y = \frac{l}{2}$ 是重要的结果，可得出以下几个命题。

命题 1：坐商最大化收入的条件是空间均质分布，且售价相等，说明坐商的空间市场势力范围达到均衡，与售价和需求价格弹性无关。

命题 2：坐商售价、空间市场势力范围大小和其范围形状无关，无论六边形、圆形还是正方形，售价和空间市场势力范围大小都相同。

命题 3：坐商售价、空间市场势力范围大小和其范围内人口密度无关。

这 3 个命题揭示了坐商空间市场势力的空间分布特征，也即呈空间均质分布，并有效地排除了一些非必要条件。克里斯塔勒（Christaller，1966）认为人口密度对中心商品销售量有影响，人口稠密区域的中心商品销售量也高，但在买方低弹性情况下，这种影响不存在。

公式 $p = \frac{sl}{vq}$ 的简洁性有助于我们厘清条件之间的关系。由此得到：

命题 4：坐商售价和平均单位时间工资、空间市场势力范围正相关，和交通平均速度、单次平均购买量负相关。

如果空间市场势力范围给定，则收入水平越高卖方售价越高，交通平均速度越高、单次平均购买量越高售价越低。前者可在高档社区周边超市得到映证，因为其售价比普通超市高；后者可在郊区折扣商店得到映证，因为去那里购物的买方一般选择乘车前往，且单次平均购买量很高。因此命题 4 适用于非定价服务设施如超市、电影院等。

如果对公式$p=\frac{sl}{vq}$变形，则$l=\frac{pvq}{s}$，$x=y=\frac{l}{2}=\frac{pvq}{2s}$，由此得到：

命题 5：空间市场势力范围和卖方售价、买方交通平均速度、买方单次平均购买量正相关，和买方平均单位时间工资负相关。对$\pi_1=p_1q_1$变换后得出：

$$\pi_1=p_1q_1=\frac{sl}{vq}\times\frac{1}{2}dq=\frac{sl^2d}{2v} \tag{34}$$

如果坐商售价给定，则交通平均速度越高、单次平均购买量越高市场势力范围越大，收入水平越高则市场势力范围越小。前者反映了公共服务设施的等级性，后者反映了公共服务设施的竞争性，比如高等级医院的空间市场势力范围较大，因为接待的大多是病情较重的病人；社区卫生服务中心的空间市场势力范围较小，因为接待的大多是普通病人；在高档社区周边还会有私人诊所。因此命题 5 适用于定价服务设施如医院、邮政局、彩票店、通信营业厅等。

从命题 4 和命题 5 不难发现卖家的空间分布特征受买方收入状况的影响显著：收入越高的地区越密集，售价也越高；收入越低的地区设施分布越稀疏，售价也越低。克里斯塔勒（Christaller，1966）也认为：消费者收入是中心商品消费的第一个限制因素。

因为买方总体往返时间$t=\frac{l}{v}$，所以进一步对公式$p=\frac{sl}{vq}$变形，得到$ts=pq$，ts为买方出行的时间成本，pq为买方的购物成本。由此得到：

命题 6：买方出行的时间成本和购物成本相等。

这是一个有意思的命题，反映出现实生活中的一个规律：如果机会成本高，那么买方一定要付出相当的购物成本，才会觉得不虚此行；如果机会成本低，则买方购物成本也低，因为觉得还可再买。这也反映出卖方空间市场势力的兑现是对买方时间成本的替代。

3.3.2 游商空间模型结果的讨论

由公式㉚和㉝可得出以下命题。

命题 7：游商最大化收入的条件是空间均匀分布，说明游商的空间市场势力范围达到均衡，和卖家售价无关。

命题 8：游商空间市场势力范围大小和其范围形状无关，所以无论六边形、圆形还是正方形，范围大小都相同。

命题 9：游商空间市场势力范围大小和其范围内人口密度无关。

命题 10：如果游商售卖低弹性商品，则售价趋同。

由命题 7 ～ 10 可以看出，尽管游商的售价不尽相同，但市场势力空间均质分布的特征仍然成立。另外我们也可以解决一个搁置已久的疑问：在霍特林的原文里，并没有涉及对游商的研究，也没有诸如海滨上的冰淇淋小贩最终在一条直线上会相聚于中点的说法。这种说法最早可能来自勒施（Lösch，1954），并逐渐成为经济地理学界解释霍特林模型的最佳范例，但迄今并没有被证明。命题 7 ～ 10 给出了一种证明方式，因此也在一定程度上解答了该疑问。

3.3.3　现实条件分析

之前的模型结果仍然是理想情况的讨论，也即把现实条件外生化。当模型结果成立时，可对若干现实条件单独分析。

第一个现实条件是地租。之前的模型推导并没有考虑坐商地租的影响，而城市里不同区位的地租存在差异。如果地租和售价不相关，仅作为成本的一部分，那么坐商的收益价格等于售价减去地租。因此将地租作为变量带入模型求导，根据链式法则可知，最终结果对原有结论并不影响。同理，卖方其他成本如果和售价不相关，也不会影响模型结果。

第二个现实条件是商品的需求价格弹性。坐商空间模型的假设是商品低弹性，游商空间模型的假设是商品高弹性，低弹性时售价相等，也和公共服务设施特点相符。对于坐商空间模型中商品高弹性时会产生怎样的结果，这里不做具体推导，而根据买方的消费取向分成两种情景。第一种情景是即使商品弹性很高，也会有买方愿意花时间去购买，其购买时同样考虑自身成本，因此其结果和坐商空间模型的结果相同。第二种情景是买方对售价很敏感，会等商品降价时再购买。降价的部分可以看作坐商为了争取这部分买方而付出的成本，实际是坐商地租成本和买方时间成本之和。原因在于如果降价成本低于坐商地租成本和买方时间成本之和，那么坐商的售价将无法和游商竞争；如果降价成本高于坐商地租成本和买方时间成本之和，那么会有游商从坐商那里大批购进降价商品再转而售出，相当于空间套利。坐商降价以争取买方的行为等同于游商沿途兜售商品的行为，相当于做了一次等价变换。因此坐商模型在高弹性时是两种模型结果的组合，空间均质分布的特征仍然成立。总之，空间市场势力从空间竞争转向空间均衡的趋势是确定的。

第 4 章　市场势力影响城市空间的案例研究——义乌的变迁

4.1　空间市场势力对义乌发展的促进

4.1.1　义乌的独特性

义乌是当代中国城市中一个独特的个例：自我内生发展，可看作明清时期江南市镇的延续。自近代开埠以后，外国产品和本地产品（茶叶、丝绸）通过口岸城市如上海、南京中转，口岸城市就此成为贸易城市，中国近代城市的发展史也几近为贸易发展史。随后由于出口经济被抑制，原本活跃的市镇经济也不复往昔。中华人民共和国成立后，各城市在国家计划下开始建设工厂，并由国家统一计划生产和供给，因此中国城市似乎开始出现分工的契约性质，但这种契约性质并非城市内生。由于国家在乡村建立了供销社以统购统销商品，并抑制私人商业，因此原有的市镇近乎绝迹。在这样的局面下，游商又重新开始活动，义乌就是游商活动的典型地区。

义乌是浙江省的县级市，历史上为义乌县或乌伤县。义乌曾经是浙江较为落后的县，因其是多山地区，属于典型的丘陵地带，耕地稀少而贫瘠，因此粮食产量低，难以养活当地日益增长的人口。《义乌市志》（《义乌市志》编辑部，2012：200）记载：1950 年，义乌农业人口人均耕地占有量 1192 平方米，低于全国和浙江省水平。人多地少，耕地尤缺……义乌属于水资源短缺城市。

义乌一些农民因而开始外出经商以寻找出路，即著名的“鸡毛换糖”。由于义乌当地特产红糖，因此游商深入周边省份的乡村，以红糖换取鸡毛，因鸡毛可做沤肥之用，以提高地力。这些游商在换糖时敲出声音以吸引顾客，也被称为“敲糖帮”[①]。据记载，早在清乾隆时期即有敲糖帮出现，抗战时期人数达

① 需要指明敲糖帮并不仅限于义乌，周边的金华、绍兴地区也存在，而义乌敲糖帮比较典型。

到近万人（陈洪才，2008）。中华人民共和国成立后，敲糖帮仍生生不息，并由换糖演变为出售小商品，也即由农副产品转向手工产品。小商品的力量不可低估，因为如今的义乌已成为世界知名的小商品城市，小商品远销海外。义乌由此不仅升级为县级市，而且拥有全国唯一的县级海关。如表 4-1 所示，义乌的出口总额远超周边的兰溪、东阳，而贸易顺差则远超杭州、宁波等沿海发达城市。义乌的交通也随之飞速发展，不仅有铁路和高速公路通过，还有金华地区唯一的机场，这对于地处山区、地理环境恶劣的县城来说不可想象。要知道无论金华还是兰溪市区，以前都曾经为金华地区首府所在地，行政建制均高于义乌，地理环境也好于义乌。

表 4-1　义乌与其他城市出口总额和出口 / 进口情况的比较（2021 年）

项目	义乌	杭州	宁波	兰溪	东阳
出口总额 /（亿元）	3659.12	4647	7624.3	132.49	311.85
出口 / 进口	15	1.71	1.77	7.66	9.74

注：数据来自 2021 年各城市统计公报。

按照通常理解，义乌既缺乏区位优势，也缺乏资源优势，似乎是经济发展的盲区。但义乌凭借一己之力享誉世界，继而获得政策和交通的青睐，其方法仅是游商四处售卖微不足道的小商品而已。小商品业是义乌经济发展的根本动力，游商的活动表现了无主空间市场势力从寻找到积累的过程，之后在义乌形成了专业市场，坐商的活动又蕴含着由空间市场势力形成的集聚。和中国大多数的行政城市不同，小商品和空间市场势力从乡村逐步侵入义乌县城，并改变了城市的类型：义乌由一个传统的农业城市转变为出口城市。因此义乌是一个很典型的研究对象，其市场和城市的特点和问题，不仅延续了江南市镇的特征，也折射了当今中国经济和城市的现状。由此以义乌为案例，研究 1978—2008 年改革开放以来市场势力对义乌城市空间发展的影响。

4.1.2　从游商到市场的变化

经商是义乌的特色，源远流长。清康熙《东阳新志》卷四（《义乌市志》编辑部，2012：48）记载：乌人，世经商他处，远至京师，著籍不啻万家。

义乌市志（《义乌市志》编辑部，2012：565）记载：义乌商人善于长途贩运，人数众多。

可见义乌人是天生的游商，且勇于闯荡。在江南市镇时期，义乌也未落下脚步。当时的佛堂镇仅为泊船的码头，但便利的水运使其也成为市镇。清乾隆二十八年（1763），知县杨春畅在《万善桥记》（义乌市建设局，2010：405）中称：佛堂市镇，四方辐辏，服贾牵车，交通邻邑。清嘉庆《义乌县志》卷一（《义乌市志》编辑部，2012：1005）记载：佛堂船只泊岸如蚁附。

1929年，佛堂镇有大小商店300家以上，并有多处专业市场（《义乌市志》编辑部，2012：66），由此可见佛堂镇的繁荣程度。甚至倍磊街虽为村落，也成为集市之一（义乌市建设局，2010：408），其房屋密集，规模庞大，街巷纵横，已不能称为村。我们依稀可在佛堂镇和倍磊街看到今日义乌的影子。

中华人民共和国成立后市场取消，但恶劣的地理环境却无法满足农民的生存需求，因此鸡毛换糖开始悄然而起（义乌县乡镇企业管理局，1986：4—6）：1964—1965年，全县有一万余人走街串巷从事副业，他们与生产队签订好合同，交纳副业款，纳入集体经济，记取工分。

义乌特产红糖，在当时是营养品，因此家家都有需求，也利于交换。而鸡毛很轻，便于长途储运，而且价值不低。最初的鸡毛换糖只是用红糖换鸡毛以提高地力，并无盈利，政府支持该活动，但态度严谨，禁止盈利。《义乌市志》（《义乌市志》编辑部,2012：2669）记载：县百货公司、供销社批给部分小百货，以便换取鸡毛。但严格制止以零售价套购紧张物资和以换鸡毛为名从事投机倒把活动。

敲糖帮的活动有分工，包括四处寻找买家、为卖家提供小商品和红糖、处理鸡毛、提供休息所等工作。因为游商的足迹遍及浙江、湖南、江苏、江西，且都在乡村地区，个人无法完成如此庞大的工作。游商虽然艰辛且盈利甚微，却为市场奠定了基础，因为游商四处移动，不仅把市场送到买家身边，从而兑换和积累了市场势力，还可以通过交谈和询问掌握买家的需求动向，继而扩大小商品售卖范围，而不只是红糖。之后的交易变为小商品换鸡毛，鸡毛也继续加工成产品以盈利，这成为小商品交易的发端。供销社统购统销，并不掌握具体而个人化的需求信息，其销售也并不方便，因此游商巧妙地填补了需求的空白。填补空白是游商的主要目的，也是市场势力的积累。假设人的需求都得以满足，没有空白，游商也不可能找到交易对象。空白意味着当地的商业无法满足需求，一旦游商出现，买家会毫不犹豫地选择游商，也就有了确定交易。空白也是无主空间市场势力的象征，因为供销社的商品种类少，农民要买自己需要的商品要花费更多时间去更远的集市。义乌游商扩大了买家需求的可选范围，并由此掌握了确定交易。《义乌市志》（《义乌市志》编辑部，2012：551）记载：70年代小商品换鸡毛比糖更受欢迎，一些货郎还成为专门采购紧缺小商品的商贩。由于当时的游商很少，义乌游商几乎成为贩卖小商品的代名词，这也使之后的小商品市场成为唯一。小商品来源为：县国营集体商业批发占 10%，县社队企业和家庭工副业生产占 25%，从外省市和省内地区进货占 65%（《义乌市志》编辑部，2012 ：554）。可见外来商品仍占多数，义乌游商能凭借的优势就是分布在广大地区的乡村市场，所以其市场势力很分散。

转折出现在 20 世纪 80 年代初，此时的游商活动已经稳定，但固定市场仍然不可遏制地出现，原因有四：第一，游商活动辛苦、成本高昂（时间、精力、路费）、利润微薄，因此义乌游商希望通过分工来摆脱四处移动的工作，也即从游商到坐商的身份转变；第二，分散的市场势力难以兑现，而义乌游商势单力孤，无法建立统一的供销网络（政策也不允许），所以需要集聚在固定市场，形成空间市场势力；第三，当时已有同类游商竞争乡村市场，所以义乌游商为避免竞争，只进货、批发和储运，而不零售；第四，固定市场可以获得流通更广的货币，而非鸡毛，因为鸡毛需要继续加工才可交易货币。

最早的固定市场出现在廿三里镇，这个鸡毛换糖兴起的地方，并形成了毛发市场，许多外地客商来此收购（王一胜，2012），之后又延伸到县城，因为县城靠近火车站和汽车站，方便外地游商来此地进货。(《义乌市志》编辑部，2012：551，552，555）记载：小商品比糖更有利可图。廿三里商贩达四五十人，没有固定摊位，像游击队员一样在廿三里街头转悠。叫卖的商品有廿三里人制作的手工制品，从外地社队企业采购的小商品，有从义乌及上海、江苏等百货商店正规渠道进购的小商品。1973 年，叫卖地点在廿三里盘溪桥头门货市，成为专门批发小百货的集贸市场。1980 年上半年，交易地点集中在廿三里供销社门前空地上。

1981 年上半年，义东区工商所建立廿三里小百货市场，收取每人每天 1 元的管理费，每人每月 30 元的定额税。1979 年发放临时营业执照，1981 年义乌县工商部门明管暗放默许自发的湖清门小百货市场，每日摊位费 5 元税费、3 元管理费。

1985 年，新马路小商品市场摊主多数是经销者，少数是前摊后厂的产销一体户。全国小商品占三分之二。市场以批发为主，销售对象主要是省内或外省来的个体商贩和单位。

可见当时的市场仍然非正式、非公开，但已经出现了收税，也即有主空间市场势力的兑现。小商品逐步集中到义乌的市场，外地的商人也来义乌进货，义乌也就成为市场集中地，空间市场势力也逐步增大。市场的壮大使得游商越来越少，从 20 世纪 80 年代的万余人下降到 90 年代的七千人；坐商越来越多，义乌的商人也将活动重心转移到小商品产业链的中上游，即批发和储运。游商减少也基于对小商品需求价格弹性的判断：随着市场环境的开放，小商品需求价格弹性越来越高，竞争对手也逐步增加，直接交易已无成算。批发和储运却是义乌的优势，全国的零售商都会来义乌进货，义乌也因而形成品牌效应，可以凭此降低零售商弹性，并稳定兑现空间市场势力。

4.1.3 市场的互惠

义乌的市场蓬勃发展，似乎永远也不够用。《义乌市城乡建设志》（义乌市建设局，2010：258—268）记载：1979 年在县前街出售针头线脑等小百货和家庭副业产品。1981 年在廿三里搭建简易摊位形成小百货市场。1982 年稠城小百货市场开业。1984 年新马路市场开业。1986 年城中路市场开业。1987 年全市家庭工厂 1.9 万户，个体工商户 2.6 万家。1993 年篁园市场开业。2004 年国际商贸城二期开业。2005 年摊位共计 5.8 万个，营业面积 260 万平方米，年成交额 389 亿元。

1981—1985 年短短 4 年间，小商品市场的经营户数从 318 户猛增至 10690 户，营业额从 255 万元猛增至 11209 万元，翻了近 40 倍（陈洪才，2008）。市场建设还在继续，且摊位稀缺，需要竞拍才能获得。市场兴盛的原因有三。

原因之一，也是主要原因，在于小商品的独特性：品种多，价格低，生产简单，转产容易，且人人需要。《义乌市志》（《义乌市志》编辑部，2012：563—564）记载：小商品小而全、价低廉。20 世纪 80—90 年代初，小商品不属于国家收购范围……相当部分是国营商店不愿经营的三类工业品。如纽扣类，小商品市场有 200 多个品种，县百货公司仅 31 种……单门独户即可经营，资本不多也可参与，大批乡村剩余劳动力随时可进入市场。小商品制作简单，容易上马生产，乡镇企业、个体私营企业和一些国有企业、城镇集体企业可为小商品市场提供充足货源。

假设一个零售商要采购纽扣，从国营商店采购的品种数量要远远少于小商品市场，且储运缓慢，不能适应日新月异的需求。而小商品生产以仿制或复制为主，只需简单改变小商品的尺寸、样式、颜色即可推出新品种，从而在市场中占据一席之地。零售商可以轻松地在一个市场完成所有进货，这无论在 20 世纪 80 年代还是今日都不可实现。单门独户的生产和销售非常灵活，允许商人兼业，这是义乌和江南市镇的共同处。

原因之二，商店利于形成稳定客源。成为坐商是每个游商的理想，这不仅为其节省了时间成本，而且有利于继续分工。敲糖帮的原始分工也会以各种空间功能固化，如工厂、仓库、旅馆、饭店。

原因之三，义乌商人是中间商，以批发和储运为主，和零售商、生产商形成分工。来义乌市场的商人都是其他地区的零售商，较少有普通买家会因购买小商品而专门来义乌，这无疑是得不偿失的举动。义乌商人乐于把小商品低价卖给零售商，因为他们更关注规模带来的收益；零售商乐于来义乌进货，而不是去找生产商，因为没有任何一个生产商有如此强大的供应能力；生产商乐于向义乌市场供应小商品，因为培育另外一个小商品市场很难也无此必要，所以义乌市场的商品大多来自外地。当现有市场运行良好时，无人愿意为成立新市场买单，因为空间市场势力的积累需要很长时间。因此义乌小商品的空间市场势力不会动摇且逐渐增强，成为全国甚至全球的小商品集散地。

4.2　空间市场势力对义乌发展的干扰

4.2.1　搭便车者的集聚

从鸡毛换糖到全球最大的小商品市场，这似乎是个传奇，但其背后却是空间搭便车所导致的自发集聚。市场的出现和空间市场势力的提升使义乌商人由游商大批转化为坐商，原有敲糖帮的分工消失，转而成为同质竞争，这对于义乌是里程碑式的转折。敲糖帮的最大贡献是创建了义乌的品牌，该品牌也转移至义乌本地的市场。市场和敲糖帮的不同之处在于：敲糖帮控制了零售，而市场只控制批发；敲糖帮是盈利，而市场是让利。义乌放弃了敲糖帮形成的网点而转向集中的市场，成为全国乃至世界闻名的小商品品牌。该品牌虽有强大的空间市场势力，却因界定模糊而无主，成为外地商人的利用对象，因而义乌也从“搭便车者”成为“驾车者”。义乌地处山区，交通不便，但在此地可以获得最丰富的货源，因此外地商人趋之若鹜，甚至外国商人也纷至沓来。市场的微利多销带来巨大的空间搭便车机会，是义乌的城市集聚动力。

外来批发商进驻义乌市场的原因是市场公平而自由竞争，无人可以控制市场价，因此无人可以垄断市场。政府还采取了划分专业市场和限制经营范围的政策，以继续抑制价格、鼓励竞争、防止垄断。这种扁平化的政策消除了商业的层级性，使人人平等，也消除了原有的商业空白。市场的专业化和小商品的同质性使卖家失去了议价区间，开价就是易于成交的实质价（《义乌市志》编辑部，2012：564），有时为了完成订单甚至不惜亏本。卖家因需求价格弹性降低导致无空间市场势力可言，买家则因可选范围扩大导致需求价格弹性提高，以此获得空间市场势力。卖家的利润更多体现在销量而非成交价。不难发现义乌把原有分散在各地区乡间的敲糖帮的市场势力转移并集中到本地市场，然后又通过细分的方式分散在每一个摊位，因此义乌的空间市场势力经历了“分散—集中—分散”的过程。外地批发商的进驻是为了在整体空间市场势力中继续搭便车，但即使整体空间市场势力仍有增大趋势，细分基数的增大也使可兑现的个体空间市场势力越来越小。整体空间市场势力增大的表象掩盖了个体空间市场势力丧失的危机，守株待兔的心理也使义乌商人不愿再成为游商去寻找交易对象。

从分工角度看，义乌商人放弃了零售而转向批发和储运，这是比较优势的选择。但强大的空间市场势力吸引了逐步增加的分工参与者，包括生产商和零售商，甚至以国外为多。《义乌市志》（《义乌市志》编辑部，2012：536，561，562，565，2669）记载：义乌市场 80% 左右的产品外销……韩国商人采购小商品后，再销售到韩国或其他国家，也把韩国商品从义乌销往他国……2003 年已有 200 余家国内贸易机构，247 家境外贸易机构，5000 余名外国商人常驻义乌，60% 以上市场经营户从事外贸经营，商品出口到 188 个国家和地区……一头在义乌组货，另一头在国外市场销货的跨国外销方式，成为义乌特色的外贸形态……境外企业办事处 615 家，来自 100 多个国家和地区的 8000 多名外商常驻义乌。

外商的数量和需求规模庞大，也引领了义乌小商品的销路：出口成为主流。原因在于小商品市场的优势对于外商同样有吸引力。由于批发价低廉且选择范围广，即使算上运费，小商品在国外的零售同样有不菲的价差，所以“一头在义乌组货，另一头在国外市场销货”的模式对国外零售商再好不过，是一种跨空间的套利行为。生产商也逐渐增加，不仅逐步增加的外国和外地商品向义乌供货，义乌本地和周边地区也形成了庞大的小商品生产集群，如诸暨、东阳等地。《义乌市志》（《义乌市志》编辑部，2012：565，2630，2704）记载：1991 年，全市 2700 多服装、塑料经营户亦商亦工，产品大多数在小商品市场销售……1997 年底，进驻的大中型企业 3000 余家，2500 余家商贸公司取得国内外名厂大店在浙江省、华东地区的总经销、总代理资格……1992 年，生产小商品的乡镇及家庭工厂达 8681 家，被称为小狗经济……到 2005 年底，全市培育了 2.5 万家工业企业。

分工同样意味着本地商人市场势力的损失。义乌市场把零售全部转交给外地零售商，实际上已经失去了对小商品成交价的控制。批发价和零售价之间的巨大价差让外地零售商趋之若鹜，义乌可能不知道外地零售商最终的成交价是多少。而且小商品生产成本低廉，主要利润都由零售价实现。即使义乌商人之后以前店后厂模式控制生产、储运和批发环节，其在小商品的价格区间中也只占据了很小部分，而大部分的利润都被零售商赚走。义乌市场和外来商人的分工并不平等，这也是义乌市场规模和人口规模越来越大的主要原因，因为即使在世界范围内也找不到另一个可以轻松盈利的城市，所以空间搭便车者越来越多。义乌市场规模的扩大并不是本地商人所为，而是外来商人的推动，本地商人成为确定的小商品生产和销售的产业链分工参与者。

4.2.2　失衡的双寡头经济

义乌现象可总结为义乌商人从小商品产业链下游向中上游转移的过程，即从零售到生产、批发和储运，从游商到坐商。义乌因为远离了零售，所以市场规模虽然很大，但空间市场势力却越来越小。义乌的市场失去了市场应有的不确定性，同样符合城市远离市场的悖论，这也体现了空间市场势力对义乌发展的干扰：义乌以市场著称，却不能掩盖其远离市场的实质，原因仍然来自商人的投机性。商人倾向于转换成兑现率更高、更确定的空间市场势力。义乌商人从游商转变为坐商后，会寻找更确定的获利机会，因此会向产业链的其他环节延伸，如生产和储运，因为这些环节看似有更高、更稳定的空间市场势力，而零售是如此艰辛而不确定。在不确定和确定、低和高之间，商人当然会选择后者，义乌也逐渐由早期的出口城市转变为现在的分工城市。

我们还需关注义乌商人的转向，即从小商品转向房地产、金融借贷这些兑现市场势力的行业。义乌的房地产业发展迅速，建筑面积从 20 世纪 80 年代年均不足 5 万平方米，到 20 世纪 90 年代年均 30 万平方米，再到 21 世纪的年均 100 万平方米（《义乌市志》编辑部，2012：416）。商品房均价持续上升，从 20 世纪 80 年代的 200 元 / 平方米，到 20 世纪 90 年代的 2000 元 / 平方米，再到 2000 年的 3000 元 / 平方米（《义乌市志》编辑部，2012：417），并上升至 2006—2008 年的 1 万～ 3 万元 / 平方米（《义乌市志》编辑部，2012：418）。2005 年均价 4446 元 / 平方米（《义乌市志》编辑部，2012：417），同期全国 35 个大中城市平均水平 4057 元 / 平方米，高于周边杭州、上海房价（莫天全，汲凤翔，2006）。可见义乌房价已和国内大城市房价持平，因为义乌商人将持有的庞大资金投入房地产业。《义乌市城乡建设志》（义乌市建设局，2010：583—587）记载：2005 年全市房地产企业 73 家，房地产投资 40 亿元。所有房地产企业均为义乌本地企业，且多为小商品企业的分公司。义乌的商品房有一定稀缺性，因为外来人口规模大且有一定需求，但多为短期居住，购房者并不多，因此义乌房地产业仍有相当的投机性。

义乌商人一边从事小商品生产、储运和批发，仍坚持微利多销；一边又投身于房地产业以盈利。这形成了一种双寡头经济：一头是利润微薄而稳定的分工型空间市场势力，另一头是收益高但风险也高的投机型空间市场势力。一头越低，另一头越高，这种失衡可能就越严重。企业停产或资金链断裂、土地和房产空置这些现象也是失衡的表现。而两头其实都来自小商品产业链前端的出口型空间市场势力保障。因为义乌目前的外来人口主要为小商品商人，假设有另一个城市的小商品市场出现，或小商品需求大幅下降，那么来义乌采购小商品的商人可能大幅减少，义乌的市场和企业连带物流、酒店、餐饮等服务业也可能衰落，房价随之下降，务工者和兼业农民也减少，游商反而会增加。义乌的幸运在于全球稳定的、多元的小商品需求量，以及无可竞争的、成熟的市场服务环境，但这种幸运也掩盖了未来衰落的可能性。由于义乌及周边地区集中了几乎全国的小商品，因此义乌的一种特征不仅是城市的一种特征，更是该行业的一种特征，也体现了城市从市场起源到远离市场的一种可能性的过程。

第 5 章　空间市场势力影响企业集聚和城镇化的理论研究

空间市场势力影响企业集聚和城镇化的理论研究主要包括两方面。一方面是空间市场势力和企业空间集聚的关系，拥有空间市场势力的企业引发了空间集聚，继而形成产业集群。另一方面是空间市场势力和城镇化的关系，空间市场势力形成的企业集聚吸引了上下游企业和劳动力的集聚，继而产生了城市演进的原动力，也就推动了城镇化的进程。这两种关系也形成了空间集聚和城镇化的基本理论模型。本章还将引入产业组织理论中的“结构－行为－绩效”模型，来研究其在城镇化过程中的特征。

5.1　空间市场势力对企业集聚的影响

5.1.1　空间市场势力和企业集聚的关系

市场势力的概念在经济地理学和空间经济学中有广泛应用，并作为一种吸引力影响了企业的集聚行为。克里斯塔勒（Christaller，1966）指明空间集聚的规律来自空间经济学，经济因素对于城镇和乡村起决定性作用。马歇尔（Marshall，1920）注意到集聚是受一种力的驱动。韦伯（Weber，2009）也注意到集聚是“单独力”的作用，而且该力不受地理因素的影响，是集聚和扩散相抵的结果力。企业的空间市场势力可被认为是企业在一定区域的市场范围内控制市场价格并占有市场份额的能力，拥有空间市场势力的企业可被称为空间垄断企业，能够获得稳定的超额利润，吸引其他企业和其合并以扩大垄断，从而形成集聚。该市场范围可以是区域性市场，也可以是更大范围的市场，如全国市场或全球市场；市场范围越大，表明企业的空间市场势力越大，吸引力也就越大。

由空间市场势力引发的空间集聚反映出企业空间市场势力的三种特性。第一是稳定性：企业一旦拥有空间市场势力，也就意味着占有稳定的市场份额，且不会轻易失去。第二是扩张性：企业有扩大自身空间市场势力的动机，从而吸引更多企业和劳动力集聚。第三是传递性：这是空间集聚的理论基础，通过企业间的契约关系与企业和劳动力之间的分工关系，垄断企业吸引了产业链上下游的企业和参与生产的劳动力，形成了产业集群。

5.1.2 区位集聚

空间市场势力的动态变化引发了企业的集聚和扩散过程，这种影响分两种类型。第一种集聚类型指良好的区位条件引发的直接集聚，也可称为区位集聚，指某地区有良好的资源、劳动力或消费者群体，或能提高利润，或能降低成本，因此都能扩大企业的超额利润区间（P–MC），从而增加空间市场势力，不断吸引各企业集聚。区位条件因而也包括三种类型：资源导向、劳动力导向、消费者需求市场导向。马歇尔（Marshall，1920）认为一个生产者集中地往往拥有大的消费者需求市场（生产需求和消费需求）与大的生产资料和消费品的供给市场（由当地生产者提供），由此产生两种企业集聚的情况：一种是基于物理条件的集聚，如农业受到土壤和水利条件的限制；另一种是贵族的惠顾。可见前者指向资源，后者指向消费者。如果区位集聚只有一两家企业，则该企业垄断了该地区的市场，形成了空间垄断。如果区位集聚的都是同类型企业，且彼此之间是竞争关系，则直到资源和消费者的利用已趋饱和时，或集聚企业过多造成空间竞争加剧、各企业的空间市场势力减弱时，才会发生企业扩散的过程。

由于资源和消费者的不可移动性，区位产生了运费制约，会使集聚的企业固定于该区位。早期的区位论主要研究资源导向和劳动力导向，是从生产的角度来追求成本最小化，如韦伯（Weber，2009）的工业区位论，其所理解的区位就是经济活动发生在某地点所带来的生产成本优势，主要指能够降低运费。之后的区位论则研究消费者需求市场导向，从交易的角度追求利润最大化，从而会产生价格竞争，如勒施（Lösch，1954）的市场区边界和克里斯塔勒（Christaller，1966）的中心地结构。由此可见，各种理论都有明显的扩大空间市场势力的指征。

5.1.3 外部经济集聚

第二种集聚类型是单个的大型企业占据区位或获得稳定超额利润后，有扩大生产和销售规模的需求，因而会扩张企业规模，如增加资本投入或与其他企业合并等。规模扩张既可以增加市场份额，也可以降低生产成本，同样引起P–MC的增加，从而增强企业的空间市场势力，因此也称为规模经济，也即马歇尔（Marshall，1920）提出的规模报酬递增。艾萨德（Isard，1960）认为集聚动力来自规模经济。

与规模经济并存的是范围经济，指在企业生产环节中由于集中了原材料、劳动力、半成品供给、服务商、销售商的专业化分工而形成产业链，降低了生产成本，体现出企业之间的协同关系。马歇尔（Marshall，1920）认为一旦地方选定，则其他劳动力或行业会相应靠近并展开附属交易，如雇佣劳动、提供工具或原材料、组织交通等，因为区位很稳定且提供了长期市场。藤田、克鲁格曼和维纳布斯（Fujita & Krugman & Venables，1999）认为规模报酬递增意味着价格指数会更低，从而吸引更多的劳动力迁入，吸引更多的厂商特别是中间品生产商的迁入。

规模经济和范围经济共同构成了企业的外部经济，吸引了越来越多的企业和劳动力加入产业链的分工，通过传递性使参与分工的企业和劳动力也能拥有市场势力，获得稳定收益，因此第二种集聚类型可称为外部经济集聚。马歇尔（Marshall，1920）将外部经济定义为地理集中的产业能培育专业化供应商，同行业厂商聚集有利于创造劳动力蓄水池，地理接近有利于信息传播。梯若尔（Tirole，1988）认为空间集聚包括三种类型：①以需求所在为目的地；②企业间的正面外部效应；③缺乏价格竞争。可见第一种是区位集聚，第二种是外部经济集聚，第三种则是纯粹的空间垄断。

5.1.4　空间集聚的可持续性——契约分工关系

无论区位集聚还是外部经济集聚，其长期持续的成立基础都是形成集聚的企业与受空间市场势力吸引的企业和劳动力之间构成稳定的契约分工关系，如果分工关系不成立，则空间集聚也无法形成。空间集聚的可持续性取决于发起分工的企业能够保持并扩大其在产品市场中的空间市场势力，且参与分工企业和劳动力受运费制约，需要在发起企业的所在地区参与分工，否则无法获取服务和劳动力市场的超额利润，因此参与分工的企业和劳动力也需要集聚在发起分工的企业周边。如艾萨德（Isard，1960）认为专业化分工的程度加深和生产空间范围的扩大本质上是运输投入对其他各种投入的替代。

发起企业的空间市场势力一旦减小或失去，或运费不再制约企业生产，则外部经济消失，参与分工的企业和劳动力也会相继离去，从而引起空间扩散。该扩散过程并非由空间竞争而起，而是来自市场波动或分工方式的变化。比如随着网络信息技术和物流网络的进化，参与分工的企业和劳动力逐步脱离了向垄断企业集聚的过程，也形成了脱离在地性集聚的大区域分工甚至是全球分工的新格局。

5.2 空间市场势力对城镇化的影响

5.2.1 城镇化过程的类型

城镇化过程是企业和劳动力通过集聚而促进城市演进的过程。空间市场势力所引起的企业和劳动力的空间集聚和扩散也形成了城镇化过程的不同类型，包括集中城镇化和分散城镇化，也可称为城镇化的集中过程和分散过程。简单而言，集中城镇化是少数大型垄断企业集聚的过程，并吸引了上下游的企业和劳动力，形成了城镇化的动力；分散城镇化是多数小型竞争企业在一定区域内的均质分布，而不发生明显的集聚过程，城镇化的动力不充分。之所以做此区分，是因为集中城镇化代表了一般的城镇化过程，即企业和劳动力进入城市生产和生活，而分散城镇化则代表了特殊的城镇化过程，即企业和劳动力离开城市或并不进入城市，仍然在乡村地区生产和生活，但完成了非农化的转变过程，属于就近或就地城镇化。我国沿海地区乡镇企业的分布模式就有典型的分散城镇化特征。

5.2.2 集中城镇化

集中城镇化是企业和劳动力空间集聚的过程。在现实中，区位集聚和外部经济集聚并不单独存在，通常互为复合并互为演进。如资源或消费者引发的区位集聚会吸引企业入驻，企业为了扩大生产规模而合并其他企业使得自己的垄断性增强，并引发分工需求，进一步引起外部经济集聚。外部经济集聚带来更多的企业和劳动力，也变相扩大了原有区位的市场规模，从而进一步引起区位集聚。集聚的结果是发起分工的制造业企业、参与分工的服务业企业和劳动力通过传递性分享了制造业企业在产品市场中的稳定超额利润，都获得了相应的空间市场势力。这是企业集聚的积累效应，即空间市场势力不断增大并集中的过程，也即城市经济学者哈里斯（Harris，1954）提出的市场潜力，指企业集聚在接近市场的地方生产和销售，企业集聚的地方市场准入性也更好。西蒙和纳迪奈利（Simon & Nardineli，1996）认为城镇化动力来源于城市外部经济。在这个过程中，无论是市场规模还是各企业的空间市场势力都在增长，也提高了区位的价值，从而使依附于区位的企业和劳动力不断集聚，这也构成了集中城镇化的动力基础。区位价值的提高使企业和劳动力不断集聚于城市，从而也吸引了其他功能在城市聚集，提供了城市发展的基础。

因此集中城镇化可表述为：在区位条件和外部经济的正向作用下，少数大型制造业企业的空间市场势力不断增大并集中，企业垄断性增强，并因为企业规模增加所致的分工需求而不断吸引服务业企业和劳动力空间集聚，从而使集聚规模不断扩大、空间市场势力不断积累、产业链不断升级，且企业的分工方式固定，劳动力的专业性强，收入来源和行为方式单一，企业和劳动力不断进入城市，是以形成和发展城市为特征的城镇化过程。随着城镇化的集中过程，人力和物力不断在城市累积，城市规模从而不断扩大，有形成大城市或单中心都市区的趋势。

集中城镇化的形成包括以下几方面的必要条件。

（1）受产业特征影响，企业规模效益递增，能够获得稳定收益，占据的市场份额很大，且能抵御市场波动所带来的风险。

（2）较高的工资水平、合同制的生产关系和固定的工作时间使劳动力能够在企业长期稳定工作，并能从事专业化工作。

（3）时间和运费成本使得劳动力必须选择在企业附近居住，同时必须在附近的服务业企业消费。

（4）企业能够不断吸引外来人口并长期居住，而不仅是本地人口。

集中城镇化是传统常见的城镇化过程，农民进城就业落户就是典型的集中城镇化过程。我国一些因为资源而兴起的企业型城市如大庆、攀枝花、平顶山也是集中城镇化的典型，因为资源的需求价格弹性较低，为企业提供了稳定的收益来源，从而能够保障当地的大型资源企业拥有稳定的空间市场势力，也能吸引稳定的服务业企业和劳动力以拉动内需，继而形成了城市并不断扩大城市规模。而一旦资源开始枯竭或需求价格弹性提高，则这些城市的大型企业无法保障其垄断性，空间市场势力下降，城市也面临衰落的可能。

5.2.3　分散城镇化

分散城镇化和集中城镇化相对，是企业和劳动力空间扩散的过程。分散城镇化的第一种原因是空间竞争。如果区位集聚使得某一地理区域内的企业集群都是同类型企业，彼此构成竞争关系，这也就意味着虽然企业集群的总体空间市场势力可能很强，占有很大的市场份额，但个体企业的空间市场势力却很弱，企业竞争性很强，且企业合并无必要，因为会增加生产成本和产品风险，也缺乏很强的分工需求，因而产生的外部经济也很弱，无法吸引劳动力和服务业企业长期地以合同制受雇或提供服务，也就无法形成空间市场势力的进一步积累，从而无法使企业和劳动力集中，而是处于一种分散的状态。

分散城镇化的第二种原因是外部不经济。如果某区位所在地区进入企业过多，此时总体空间市场势力虽然由于规模增加而增大，但是使外部经济减弱，使参与分工的企业和劳动力无利可图。企业规模和数量的增加也扩大了市场范围，提高了包括地租和运费在内的交易成本。亨德森（Henderson，1974）认为城市规模有外部不经济，规模越大外部不经济越强，一个城市的最佳规模取决于它的功能。藤田、克鲁格曼和维纳布斯（Fujita & Krugman & Venables，1999）的空间经济学认为：城市发展的向心力是外部经济，城市发展的离心力包括不可流动的生产要素、土地地租、运输成本拥塞和其他外部不经济，一个经济体的空间结构是外部经济和外部不经济相互作用的结果。外部不经济作为宏观经济效应并不可直接度量，因此作为个体的企业和劳动力仍然会不断进入当地市场，直到自身出现亏损后才会逐步扩散。扩散代表了集聚的阻力出现，根本原因在于个体空间市场势力的减小，表现为价格降低或成本提高，是空间市场势力不断减弱的过程。

分散城镇化的第三种原因则来自市场波动。如果市场出现波动，如需求价格弹性提高或市场份额减少，则发起集聚的垄断企业的利润降低，表明其空间市场势力减弱，无法再从市场中获得稳定的超额利润。空间市场势力减弱则会影响其对分工的需求，因而劳动力和服务业企业所获得的利润也会降低，这是产业链的传递效应。劳动力和服务业企业的利润降低使得其无法再参与分工，从而会选择离开集聚，形成空间扩散。企业和劳动力的空间扩散使其不能集聚于城市，无法提高城市的区位价值，因而无法吸引其他城市功能，也就无法提供城市发展的基础。

因此分散城镇化可表述为：空间竞争、外部不经济或市场波动导致企业的空间市场势力减弱而分散，企业竞争性强，企业分工需求低，产业链较为松散，企业的分工方式简单，无法吸引更多的劳动力和服务业企业。劳动力的收入来源和行为特征多样，就业灵活，但收入并不稳定。由此产生了企业和劳动力空间扩散分布的特征。分散城镇化中的企业和劳动力并不一定进入城市，而是以形成城乡跨界流动为特征的城镇化过程，城、镇、村都可以成为企业和劳动力的生产和生活目的地。如就地城镇化或就近城镇化现象，都属于分散城镇化范畴。由于分散城镇化主要在乡村进行，农村劳动力也主要住在乡村，因此也可称为乡村城镇化或就地城镇化。

但分散城镇化并不一定就是非理想的非农化过程。如勒施（Lösch，1954）的六边形网格和克里斯塔勒（Christaller，1966）的中心地网格，以及后福特主义所形成的后现代大都市，都是企业扩散后形成的均质状态。企业只是均质地分布在某一空间区域内，从整体来看仍然具有集聚特征，可以认为是更大范围的一种空间集聚，只不过集聚度没有集中城镇化那么紧密。劳动力的扩散也表明劳动力对其他就业的选择，用脚投票的效应成立，这也构成了分散城镇化的市场基础。因此相比于集中城镇化向城市集中的过程，分散城镇化更倾向于形成都市区，在都市区的空间范围内，大城市、小城市、镇、乡村都有人口聚集区，而不仅限于大城市，并且彼此互相流动。

分散城镇化的形成包括以下几方面的必要条件。

（1）受产业特征影响，企业规模效益不明显，难以获得稳定收益或收益微弱，并受市场波动影响较大，难以抵御市场风险，因而通常会采取保守策略，而非扩张策略。

（2）较低的工资水平、缺乏合同制的生产关系和固定的工作时间使劳动力无法在企业长期稳定工作，通常会选择兼业，从事多种工作。

（3）兼业使得劳动力无须选择在企业附近居住，通常按照自己的生产生活方式选择居住地。

（4）企业无法大量吸引外来人口，或外来人口流动频繁。

5.2.4　集中城镇化和分散城镇化的对比

如果市场是“看不见的手”，那么空间市场势力就是这只手的力量，对企业和劳动力起到推拉作用，促进企业和劳动力形成空间集聚和扩散。城镇化过程主要由制造业企业而起，并因为分工需求而吸引了服务业企业和劳动力，是劳动力生产和生活的非农化过程。城镇化过程并不一定形成城市，企业和劳动力也不一定进入城市，但二者的市场实质相同，即在用脚投票的前提下，企业和劳动力都是根据自身的空间市场势力状况而选择利益最大化的策略，或提高收益，或降低成本，体现出动态性和灵活性，如表 5-1 所示。无论企业和劳动力是否进入城市，其最终结果都实现了非农化的目的，二者都完成了城镇化过程。在此过程中，空间市场势力发挥了锚定作用，始终指导企业和劳动力的市场决策。因此空间市场势力对城镇化过程的影响是决定性而深远的，根据空间市场势力的大小、稳定性和分布特征衍生出不同的空间集聚类型，从而形成了多样化的城镇化过程，打破并纠正了城镇化就是“农民进城务工并市民化”这种单一的认识。

表 5-1　企业和劳动力面对不同的空间市场势力时所做出的策略

市场主体	空间市场势力强	空间市场势力弱
企业	规模扩张并空间集聚	规模保持或缩小并空间扩散
劳动力	以雇佣的形式参与企业分工，获得较高的工资水平，而不参与其他就业方式	除了参与企业分工，获得较低的工资水平外，还会参与其他就业方式，以补充收入

集中城镇化和分散城镇化的类型对比如表 5–2 所示。另外如图 5–1（a）所示，集中城镇化的企业和劳动力组合类型为少数垄断的大型制造业企业和若干小型的服务业企业，劳动力主要在垄断企业就业，垄断企业的劳动力规模很大；如图 5–1（b）所示，分散城镇化的企业和劳动力组合类型为若干同类的小型制造业企业，服务业企业很少，劳动力分散在各企业就业，企业的劳动力规模很小。集中城镇化和分散城镇化之所以成立，在于市场经济指向仍然是城镇化的核心，城镇化动力来自企业和劳动力对空间市场势力的追求，以在交易中最大化获利。因为相比不确定的市场交易，空间市场势力具有确定性，能够稳定地获利，因此基于这样的前提，空间市场势力锚定了城镇化过程中企业和劳动力的选择和决策行为。每一个参与市场交易的企业或劳动力都希望长期稳定地获利，从而在市场中获得一定的垄断地位。只有这种垄断不断保持并积累，企业和劳动力才能在某地区长期驻扎并生存下来，城镇化才会体现出静态特征；否则企业和劳动力将会在不同的区域市场之间流动，城镇化则体现出动态特征。正如克里斯塔勒（Christaller，1966）所认为的：对于城市的出现、发展和衰退现象有决定意义的是城市居民能否在这里找到谋生的可能性，以及是否存在对于一座城市所能提供的事物需求，否则居民将不会留在城市。

表 5–2　集中城镇化和分散城镇化的（类型）对比

类型特征	集中城镇化	分散城镇化
空间集聚程度	较高	不高
产业类型特征	需求价格弹性低，市场份额大，市场波动性小	需求价格弹性高，市场份额小，市场波动性大
企业分工特征	分工程度高，分工方式固定	分工程度低，分工方式灵活
企业类型特征	垄断企业和附属的参与分工企业	彼此竞争的同类型企业
市场势力特征	总体空间市场势力大，个体空间市场势力大，空间市场势力集中	总体空间市场势力大，个体空间市场势力小，空间市场势力分散
市场结构特征	垄断或寡头市场	垄断竞争市场
市场行为特征	人口活动规律，呈潮汐型	人口活动不规律
市场绩效特征	绩效高且单一	绩效低且多元
劳动力特征	专门从事合同制的非农化就业，脱离农民身份	亦工亦农，有灵活就业特征，可能没有脱离农民身份
目的地特征	以城市为主，职住一体	城、镇、村都可选择，职住分离
城市类型特征	大城市	都市区

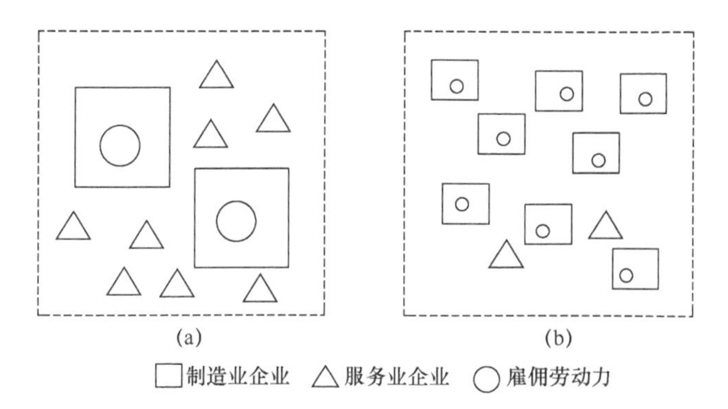

图 5-1　集中城镇化和分散城镇化的企业和劳动力组合类型

5.2.5　空间市场势力对城镇化过程的影响

集中城镇化和分散城镇化过程中，一定区域内的企业和劳动力的整体空间市场势力都有增大的趋势，但空间市场势力的集中和分散程度影响了企业的垄断和竞争程度，影响了人口进入城市工作居住，从而也影响了城镇化水平的变动。城镇化水平可定量表述为人口和土地城镇化率。空间市场势力对城镇化水平的影响表现如下。

（1）在集中城镇化过程中，城镇化水平随着企业和劳动力空间市场势力的增大而提高，原因在于空间市场势力不断集中，使企业垄断性增强，分工关系稳定，容易引起空间集聚，人口向城市集中，在城市从事非农活动。

（2）在分散城镇化过程中，城镇化水平不随企业和劳动力空间市场势力的增大而提高，或保持不变，原因在于空间市场势力不断分散，使企业竞争性增强，分工关系松散，容易引起空间扩散，人口不向城市集中，仍旧分散在农村从事非农活动。

根据集中城镇化和分散城镇化的特征，空间市场势力对城镇化水平的影响过程可分为 4 个阶段。

阶段 1——城镇化起步期：该阶段的主要特征是城市本地产业的垄断性对人口的吸引，代表了初始的城镇化类型。在制造业水平不高的地区，城市对人口的吸引来自其自身较为发达的服务业，即服务业垄断性较强，城市服务业本身也有赖于城市人口支撑，商品交易的繁荣也带动了本地制造业的发展。此时城镇化水平和产业空间市场势力正相关，城镇化水平随着产业空间市场势力的增大而升高，具有集中城镇化特征。一般省会城市对人口的吸引处于该阶段。但这种正相关对城镇化的提升有限，因为此时的产业服务于本地市场，能够占据的市场份额和提供的就业岗位有限。

阶段 2——城镇化上升期：以集中城镇化为特征。城市主导产业占据了更大的外部市场份额，其集聚和规模效应增强了垄断性，进一步吸引了人口和服务业企业在城市集聚，产业空间市场势力对城镇化水平有明显的正向作用。城市规模扩大所带来的正外部性也有助于进一步提升产业空间市场势力。因此该阶段城镇化水平和产业空间市场势力正相关，城镇化水平和产业空间市场势力均快速提升。

阶段 3——城镇化平稳期：是集中城镇化向分散城镇化过渡的阶段。城市规模扩大后，随着企业数量增加，产业竞争性增强，空间市场势力减小，此时城镇化水平随着产业空间市场势力的减小而升高，但这种升高源自城市自身的吸引，而非产业空间市场势力的影响。此时城市规模扩大所带来的正外部性仍然对企业有吸引力，因此企业继续向城市集聚，城镇化水平对产业空间市场势力仍然有正向作用，但不明显。该阶段城镇化水平和产业空间市场势力缺乏显著的相关性。

阶段 4——城镇化成熟期：以分散城镇化为特征。此时城镇化水平随着产业空间市场势力的减小而升高，但产业空间市场势力无法影响城镇化率的提高。同时城市规模进一步扩大产生了负外部性，城镇化水平对产业空间市场势力有明显的负向作用，企业开始扩散。该阶段城镇化水平和产业空间市场势力呈负相关。

由此可见，阶段 1 和阶段 2 主要体现了产业空间市场势力对城镇化水平的影响，阶段 3 和阶段 4 主要体现了城镇化水平对产业空间市场势力的影响。如图 5-2 所示，城镇化水平和产业空间市场势力的相关性呈“横 U 形”曲线关系，表征了伴随着产业由垄断趋于竞争的过程，小城市向大城市进化的城镇化路径。各阶段城镇化水平和产业空间市场势力的相互影响关系如表 5-3 所示。

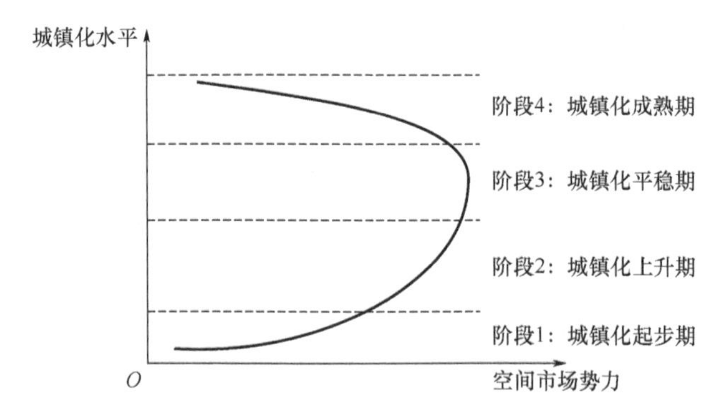

图 5-2　城镇化水平和产业空间市场势力相关性曲线图

表 5-3　各阶段城镇化水平和产业空间市场势力的相互影响关系

阶段	城镇化类型	城镇化特征	产业空间市场势力特征	产业空间市场势力对城镇化的影响	城镇化对产业空间市场势力的影响	城镇化和产业空间市场势力的相关性
阶段 1：城镇化起步期	集中型	缓慢升高	缓慢增大，趋于垄断	正向	正向	正相关
阶段 2：城镇化上升期	集中型	显著升高	显著增大，趋于垄断	正向	正向	正相关
阶段 3：城镇化平稳期	集中向分散过渡	显著升高	缓慢减小，趋于竞争	不明显	不明显	不明显
阶段 4：城镇化成熟期	分散型	缓慢升高	显著减小，趋于竞争	不明显	负向	负相关

5.2.6　企业集聚空间市场势力测度：改进勒纳指数模型

改进勒纳指数模型主要用来测度企业集聚或产业集群的空间市场势力，从而在城镇化过程中测度城市某类型产业的空间市场势力。测度模型来自经济学家阿培尔博姆（Appelbaum，1982），其利用企业集聚在产品市场中的需求价格弹性和推测弹性来测度空间市场势力，模型如下。

$$\alpha_j = \frac{\theta^j}{\varepsilon} \qquad ①$$

其中 α_j 为企业 j 的空间市场势力，之所以比勒纳指数模型的右边项 $\frac{1}{\varepsilon}$ 增加了 θ^j 项，是因为 $\frac{1}{\varepsilon}$ 代表了企业 j 的空间市场势力系数，θ^j 是企业 j 的产出变化对于其所在的产业市场总产出变化的推测弹性，即企业 j 的产出变化是否能够影响产业市场的总产出变化，因此 θ^j 也就有了市场结构的意义。θ^j 的关系式为：

$$\theta^j = \frac{\left(\frac{\partial y}{y}\right)}{\left(\frac{\partial y^j}{y^j}\right)} \qquad ②$$

其中 y 为产业市场的总产出，∂y 为总产出变动，y^j 为企业 j 的产出，∂y^j 为企业 j 的产出变动。在寡头市场中，$\theta^j = \frac{y^j}{y}$；在完全竞争市场中，$\theta^j = 0$；

在垄断市场中，$\theta^j=1$。企业集聚的总体空间市场势力则为：

$$L=\sum_{j=1}^{N}\alpha_j s_j=\sum_{j=1}^{N}\frac{\theta^j s_j}{\varepsilon}=\sum_{j=1}^{N}\frac{\partial y}{\partial y^j}\cdot\frac{s_j^2}{\varepsilon} \quad ③$$

其中 L 是企业集聚在某地区的总体空间市场势力，N 是企业集聚中的企业数量，$s_j=\frac{y^j}{y}$，代表了 j 企业的产出占产业市场总产出的比重，$\alpha_j s_j$ 可理解为企业 j 在总体市场中能够控制的市场份额。改进勒纳指数模型考虑了空间市场势力的程度和市场规模，相比勒纳指数模型更加完善，更适用于企业集聚下的空间市场势力测度。因为如果市场规模很小，则即使企业的空间市场势力很强，企业所控制的市场份额也有限。由此推导在完全竞争市场中，$L=0$；在完全垄断市场中，$L=\frac{1}{\varepsilon}$；在垄断竞争市场中，假设企业集聚中各企业的推测弹性 θ^j 相同，则 $L=\frac{\theta}{\varepsilon}$；在寡头市场中：

$$L=\sum_{j=1}^{N}\frac{s_j^2}{\varepsilon}=\frac{H}{\varepsilon} \quad ④$$

其中 H 是测度市场集中度的赫芬达尔 – 赫希曼指数（HHI），可见企业集聚的空间市场势力和其所在的市场结构直接相关。在城镇化过程中的各城市产业和劳动力空间市场势力测度中，主要应用垄断竞争市场中的测度公式，即 $L=\frac{\theta}{\varepsilon}$。

5.3 城镇化过程中的市场结构特征

5.3.1 市场结构的概念

市场结构也是产业组织理论中的核心概念，是结构—行为—绩效模型的组成部分。广义概念指市场主体的规模和分布、产品差异、分工关系和进入障碍所组成的市场综合状态，狭义概念指市场主体由于拥有市场势力而占有市场份额的规模和分布特征，以及由此形成的地位特征，主要表现为市场势力的集中和分散情况，因此市场结构也可表述为市场集中度。

市场势力决定了市场整体的竞争和垄断属性。市场势力弱是竞争性的表现，市场势力强是垄断性的表现，但拥有市场势力并不意味着绝对垄断，没有市场势力也不意味着绝对竞争，市场势力可以是每个市场主体都拥有的权利。张伯伦（Chamberlin，1939）认为竞争市场的主要动力和垄断市场并无不同，竞争者在经济本质上和垄断者并无二致，竞争和垄断共同构成市场结构的基本特征。

既然城镇化是企业和劳动力向市场集中的过程，那么必将涉及市场结构的空间分布。在城镇化过程中，集中城镇化和分散城镇化两种类型本身就是市场结构的空间分布特征。集中城镇化的企业和劳动力空间市场势力集中，空间垄断性很高，因此空间表现为垄断性市场。分散城镇化的企业和劳动力空间市场势力分散，空间垄断性很低，因此空间表现为竞争性市场。如前所述，城镇化的市场结构特征影响了城镇化的过程趋势，垄断性市场使城镇化水平快速上升，竞争性市场使城镇化水平缓慢上升。

5.3.2　市场结构的分类

根据各市场主体所拥有的空间市场势力大小和分布状况，市场结构包括完全竞争市场、垄断竞争市场、寡头市场和垄断市场四种类型。

1. 完全竞争市场

完全竞争市场指每个企业都不拥有空间市场势力，不能影响价格，因此成交价等于均衡价，也等于企业的边际成本。这种市场结构少见于现实生活，因为均衡价并不一定是每个企业的最优价（边际收益等于边际成本时的价格），不一定能实现盈利。而且此时买方的需求价格弹性无限大，企业的成交概率无限低，因此不愿意继续交易。由于产品相同、成交价格相同且不存在确定的超额利润，市场中极少存在主动的分工行为。

在城镇化过程中，如果企业面临完全竞争市场，则其是否会向该市场地区集聚取决于市场规模，即成交概率的基数大小。如果市场规模大，则企业虽无固定的空间市场势力，但仍然会考虑进入市场，只不过这种行为缺乏长期的稳定性，是极为分散的城镇化。如果市场规模小，则企业不会考虑进入市场，城镇化不会发生。如果劳动力面临完全竞争市场，则其会选择从事基于交易的零售业，个人成为临时的零售商，而不会参与企业就业，因为企业本身不能获得稳定的超额利润，没有分工需求，因而缺乏外部经济。

完全竞争市场对应于分散城镇化，因为空间市场势力弱，不太可能形成城市，农民也不能完全脱离农业生产活动。因此完全竞争市场常见于城镇化的初期，如乡村地区的集市，当其市场规模较小时，只是服务于周边农民的农产品交换，而且不能保证每日开市，只能保证定期开市。正如韦伯（Weber，2009）

认为：人类聚落本身范围内存在规律性的非临时的货物交易，存在一个市场，当地居民通过市场就可以满足大部分经济上的日常之需。如果其辐射范围进一步扩大，即市场规模扩大时，则会出现专业的零售商。这些零售商可能由农产品生产过剩的农民或手工业者组成，也就成为小型企业的类型。如果市场规模和辐射范围进一步扩大，则集市有可能升级为市镇，即专业的零售商会长期定居在集市周边，固定供应商品，也可认为此时的零售商已经因为固定的成交规模而获得了一定的空间市场势力。如果市场规模和辐射范围不能进一步扩大，则集市无法升级为市镇，其交易群体仍然是农民或手工业者，到集市交易只不过是增加额外收入的兼业。

对于完全竞争市场形成的集市而言，其人口和空间构成也处于城镇化初级阶段。人口主要为兼业的农民和手工业者，缺乏专业者和外来人口，人口规模较小。城市功能以集市为主，在整个市镇里占较大比重，其他功能服务于集市，如旅馆、饭馆、仓库、车站，数量少且规模小，且缺乏居住功能。目前中国很多镇仍以集市为主，因而具有这种功能特征。

2. 垄断竞争市场

垄断竞争市场指每个卖方都拥有一定的空间市场势力，可以在一定程度上影响价格，但市场份额并不高且分布较均匀的市场结构。垄断竞争市场通常表现为不一样的产品特征，在空间中则表现为不一样的区位，因为区位保证了固定的人流密度，从而保证了固定的消费者群体。由于每个卖方都拥有一定数量的固定消费者或成交概率，则交易较为稳定，而且垄断竞争属性导致卖方的空间市场势力之间差异不大，从而保证了市场不会由一家或少数几家企业独占，因此垄断竞争市场是最稳定也是最常见的市场结构。张伯伦（Chamberlin，1939）认为垄断竞争市场并不是一个包括很多卖方的大市场，而是由许多有关市场纵横交错而成，每个卖方都是一个市场。垄断竞争市场中也会有分工，因为企业为了保持产品差异或区位差异，必须提高专业化水平。但这种分工程度不高，因为垄断竞争市场中单个企业的超额利润不高，所以无法维持较大规模或较多层级的分工水平，除非中间产品被少数几家上游企业控制。

因此垄断竞争市场体现为分散城镇化特征，且农民未完全脱离农业生产活动。在城镇化过程中，如果企业面临垄断竞争市场，则其是否会向该市场地区集聚仍然取决于市场规模，因为垄断竞争市场虽然有空间市场势力，但并不可观。如果市场规模较大，企业会进入市场，只不过这种行为缺乏长期的稳定性，或者进入的企业不多，规模也不大，呈现出同质特征。垄断竞争市场中的企业也有分工需求，因为存在产品差异性，因而企业为了进一步扩大产品差异性或提升差异产品的市场份额，会有扩大生产和销售规模的期望，因而会吸引劳动力加入分工，但规模同样不大，分工水平也不会很高，因为没有稳定而客观的空间市场势力支撑。但垄断竞争市场的优势在于，其垄断性不强，非常适合初始创业的中小企业或初始就业的劳动力，因此也是城镇化过程中常见的市场结构。如马歇尔（Marshall，1920）认为：聚集经济往往能因为许多性质相似的小型企业集中在特定的地方而获得。

垄断竞争市场常见于城镇化的中期，市镇就是典型的垄断竞争市场。市镇和集市的区别就是专业商人和生产者的出现，以及专业商人和生产者定期居住在市场周边。进入分工的劳动力也会逐步集聚，但规模不大，因为简单而小规模的分工并不能使受雇的劳动力完全脱离农业生产，也无法在市镇里居住。不断增长的外来人口的生活需求也带动了市镇的进一步发展，并使市镇彻底脱离了农业生产和乡村生活，成为城镇化地区。我国的建制镇也基本建立在市镇的基础上，成为地区的行政中心。但垄断竞争市场的结构特点决定了其缺乏更长期有效的城镇化动力，因而难以进一步提高城镇化水平，除非其有外来的空间市场势力注入，市镇才有成为城市的可能。另外在都市区形态中，除了大城市，小城市、镇和农村地区都呈现出垄断竞争的特征。

垄断竞争市场中均质分布的中小企业和简单而小规模的分工这两个特征也影响了其城镇的人口和功能构成。其人口构成主要为两类：中小企业主和受雇劳动力，或者二者的结合体，相对大中城市而言较为单一。其空间构成和人口构成有关，主要服务于中小企业的生产需要和劳动力的生活需要，由于企业规模小、数量多，因此城市功能简单并高度重复，如一个市镇仅有工厂、仓库、物流、专业市场或商店、住宅、酒店、车站，而缺乏更多的功能，其中市场和工厂所占比重较大，也是人口主要活动空间，其他城市功能的比重较小。由于垄断竞争市场并不能保证劳动力脱离农业生产而完全非农化，因此大多数劳动力有明显的兼业特征，属于半工半农状态，也不一定居住在市镇以内，因此居住和生活服务功能也少而简单。

3. 寡头市场

寡头市场指市场份额由两家或少数几家拥有较大空间市场势力的企业垄断的市场结构。这种结构可能来自垄断竞争市场，因为市场中的企业为了扩大自身的空间市场势力，会选择和其他企业合并，以拉大和其他企业的空间市场势力差距，从而能够更好地控制价格和市场份额，也即企业的品牌效应。寡头市场仍然存在竞争，即垄断企业之间的竞争，包括价格竞争和产品差异竞争，所以每个垄断企业都不能控制价格和市场份额。但相比垄断企业，其他同类型企业由于无法和垄断企业竞争而退出市场。寡头市场也有分工，且专业化水平很高，因为垄断产生的高额利润会产生较强的外部经济，吸引更多的上下游企业和劳动力加入垄断企业的产业链，因而形成了若干垄断的大企业带动一批参与分工的中小企业的企业集群形态，而且非常稳定，在空间中则表现为企业集聚。垄断企业可称为主导企业，参与分工企业可称为从属企业，这一点和企业均质分布的垄断竞争市场有所不同，因为其企业没有主从之分。相比垄断市场，寡头市场更为常见，并逐渐成为市场常态结构，如五百强企业的出现。斯密（Smith，2003）也认为所有的企业都希望形成寡头。卡尔顿（Carlton，2000）认为市场的地理范围越小，越可能由少数几家企业控制。

寡头市场所对应的城镇化类型是集中城镇化，处于城镇化中后期。如果企业处于寡头市场，如几家企业占有一定的资源或一定的消费群体，则说明其作为垄断企业已获得一定的空间市场势力。在市场规模给定的情况下，则企业可以获得可观的市场份额，自身也有一定的企业规模，因此垄断企业的空间市场势力长久而稳定，集聚也较为固定。而且企业分工需求多，产业链复杂，吸引的参与分工企业和劳动力也多，因此有累积效应，会不断吸引人口和服务业企业集中，相比垄断竞争市场，寡头市场的城镇化更容易形成城市或规模较大的镇。在寡头市场中劳动力以参与分工为主，而且工资水平保证了劳动力拥有可观的收入，因此劳动力以长期就业为主，兼业较少。受运费制约，劳动力主要居住在城镇或其周边，而非远离城镇的乡村。

寡头市场结构主要体现在城市或较大的专业镇。寡头市场形成的城镇在人口和功能构成上与垄断竞争市场不同，其人口以受雇佣的劳动力为主，以及小部分的企业主。其功能构成也主要体现出劳动力的生产和生活特征，因此主要城市功能为工厂、物流和住宅，而市场、酒店、车站较少。在城镇就业的劳动力大多脱离了农业生产，因此会有相应的生活服务功能和居住功能，但劳动力的同质性决定了生活服务功能也有简单重复的特点，无法和大城市中多样性的生活功能相比。我国目前很多专业型的中小城市和特色小城镇都有寡头市场的这种特点。当然大城市一般都是在寡头市场的基础上发展起来的，如果垄断企业从事的是高端产业，则其将吸引更多不同类型的人口，其生产服务和生活服务功能也将更为高端和多元。

4. 垄断市场

垄断市场指市场份额被一家企业独占的市场结构，该企业拥有市场中所有的空间市场势力。垄断市场可看作寡占市场的极端情形，因为其消除了价格和产品竞争，市场上所有的交易都由垄断企业控制，其可以按照收益最大化的产量来定价，并抑制买方的需求价格弹性，这也是垄断市场和寡占市场的区别。常见的垄断市场包括单一公司的城镇、地方性雇佣市场和体育联盟（Carlton，2000）。垄断市场也会有分工，且专业化水平很高，因为垄断产生的高额利润会形成极强的外部经济，吸引更多的上下游企业加入垄断企业的产业链，因而形成了一个垄断企业带动一批参与分工的中小企业和劳动力的企业集群形态，而且非常稳定。

垄断市场的城镇化类型也属于集中城镇化。如果垄断企业的空间市场势力长久而稳定，而且规模较大，分工需求多，产业链复杂，吸引的分工企业也多，就会产生累积效应，不断吸引劳动力和服务业企业集中。和寡头企业不同的是，由于垄断市场只有一家企业，因此劳动力只能受雇于该企业，而没有寡头企业所常见的劳动力跨企业流动现象。

垄断市场主要体现在城市或较大的专业镇。垄断市场常见于城镇化的后期，其城镇化形态和市场规模有关：如果市场规模较小，则为镇；如果市场规模较大，则为城市。城市或镇中的所有功能均为该企业及其劳动力服务。在我国计划经济时代，为了经济和国防建设的需要，国家兴建了很多新城市，如大庆、共青城、十堰、攀枝花等，均为以一个大型垄断企业为基础逐步建设，企业内部不仅包括生产功能，还包括一系列的生活功能，因此整个城市都以该企业为主体，类似于垄断市场的城镇化过程。在改革开放以后的市场经济时代，垄断市场的城镇化较为少见，因为垄断企业彻底消除竞争，有违市场经济的精神。如果垄断企业的空间市场势力消失，则其上游的分工企业和劳动力也将离去，会出现分散城镇化。这种现象在寡头市场中较难出现，因为若干寡头企业的共同存在降低了市场变动所带来的风险，所以寡头市场的城镇化相比垄断市场的城镇化更为稳定，风险更低，更适合于现实中的城镇化。

如果垄断企业从事的是简单制造业，则其形成的城镇的人口和功能构成与寡头市场相似，简单而重复。我国目前很多专业型的中小城市都有垄断市场的这种特点。如果垄断企业从事的是高端产业，则城镇的人口和功能构成更为复杂多元，原因在于垄断企业的分工规模大、分工水平高，因此参与分工的劳动力层次也更为多元，除了普通的生产人员，还有受教育水平高的管理和研发人员。不同的人口类型也吸引了不同层次的生产服务业和生活服务业，从而使城市功能也更为多元。由此可见，高端产业是区别一般城镇和大城市的一种特征，它使不同类型的人口和产业更为集中，也使城市功能更为多元。不断集中的各类型产业也扩大了城市的市场规模，提高了城市的分工水平，积累了企业和劳动力的空间市场势力，增加了城市的外部经济，从而不断吸引劳动力迁入，是集中城镇化的正向效应。另外大城市也会创造不同领域的市场，可以不断涌现出新的寡头或垄断企业。

城镇化过程中市场结构特征的四种类型如表 5–4 所示。

表 5–4　城镇化过程中市场结构特征的四种类型

项目	完全竞争市场	垄断竞争市场	寡头市场	垄断市场
空间市场势力分布	每个企业都有空间市场势力，但很小	每个企业都有空间市场势力，但很有限	两个或多个企业拥有较大空间市场势力	一个企业拥有较大空间市场势力
企业选择	市场规模大：进入市场 市场规模小：不进入市场	市场规模大：进入市场 市场规模小：不进入市场	只有寡头企业控制市场，并吸引分工企业	只有垄断企业控制市场，并吸引分工企业
分工情况	无分工	简单分工	简单或深层次分工	深层次分工
企业规模和类型构成	均质的中小企业	均质的中小企业	若干大型的垄断企业附带中小企业集群	一个大型的垄断企业附带中小企业集群
劳动力选择	进入市场成为临时的个体零售商	进入市场成为个体零售商或参与简单分工	受雇于企业就业，或成为服务企业主	受雇于企业就业，或成为服务企业主
劳动力职业结构	亦商亦农的兼业	亦商亦农、亦工亦农或亦工亦商的兼业	专业就业	专业就业
城镇化过程类型	极为分散的城镇化	分散城镇化	集中城镇化	集中城镇化
城镇化水平	很低	低	高	很高
城镇类型	集市或小型市镇	单一功能的镇或小城市	城市或专业镇，取决于产业类型	城市或专业镇，取决于产业类型
人口构成	从事交易的农民和手工业者	中小企业主和雇佣劳动力	受雇的劳动力为主，比重较高，小部分的企业主和服务从业者	受雇的劳动力为主，比重较高，小部分的企业主和服务从业者

5.3.3　市场结构的测度方法

1. 赫芬达尔 – 赫希曼指数（*HHI*）

市场结构的测度方法主要为市场集中率，第一种方法是赫芬达尔 – 赫希曼指数（Herfindahl–Hirschman Index，*HHI*），等于某一产业市场中每个城市产业的市场份额平方加总。一般使用改进的 *HHI*，即用每个城市产业的市场份额和总体市场份额比值的平方加总。*HHI* 越高，则市场的垄断性越强；*HHI* 越低，则市场的竞争性越强。城镇化中主要测度制造业、服务业和劳动力市场，市场份额一般用产值、销售额或就业人数衡量。测度模型为：

$$H_i = \sum_{j=1}^{N}\left(\frac{r_{ij}}{R_i}\right)^2 \quad ⑤$$

其中 r_{ij} 表示产业 i 或劳动力在城市 j 中的产值、销售额或就业人数，R_i 为市场总产值、总销售额或总就业人数。H_i 表示产业 i 或劳动力的 *HHI*，结果值在 0 ～ 1 之间，越接近 0，市场集中度越低，产业分布越分散，说明市场结构趋于竞争；越接近 1，市场集中度越高，产业分布越集中，说明市场结构趋于垄断。

2. 四企业集中比率（CR_4）

第二种方法是四企业集中比率（CR_4），即某一产业市场中规模最大的 4 家企业的市场份额占总体市场份额的比重，可以判断市场中垄断性最强的 4 家企业在市场中的垄断程度。应用到城市，则是四城市集中比率，指某产业市场份额最大的 4 个城市占总体市场份额的比重。城镇化中主要测度制造业、服务业和劳动力市场的 CR_4，市场主体是各城市的制造业、服务业和劳动力，一般用产值、销售额或就业人数来衡量。测度模型为：

$$CR_4 = \frac{R_1 + R_2 + R_3 + R_4}{R} \quad ⑥$$

其中 R_1、R_2、R_3、R_4 分别为排名前 4 位城市的制造业产值、服务业销售额或就业人数。R 为总体市场的制造业产值、服务业销售额或就业人数。结果值在 0 ～ 100% 之间，CR_4 越高，则市场的垄断性越强；CR_4 越低，则市场的竞争性越强。经验数据表明，如果 CR_4 低于 40%，则市场垄断性不强；如果高于 70%，则市场垄断性强（Carlton，2000）。谢泼德（Shepherd，1997）认为 CR_4 为 100% 是纯粹垄断市场，大于 60% 是寡头市场，小于 40% 是垄断竞争市场，可以此作为市场垄断性的衡量标准。

3. 市场份额的空间聚类测度

空间聚类测度属于空间统计学范畴，主要测度空间集中程度。通过市场份额的空间聚类测度，掌握市场份额在空间的集聚和扩散程度，以了解市场结构的空间分布特征。利用各城市的制造业、服务业和劳动力市场的市场份额进行空间聚类分析，分析工具为空间统计方法中的“局部自相关 Getis-ord Gi”工具，分析市场份额的高值聚集区和低值聚集区，共分为 7 个等级：99% 置信区间内高值热点显著聚集；95% 置信区间内高值热点显著聚集；90% 置信区间内高值热点显著聚集；不显著聚集；90% 置信区间内低值冷点显著聚集；95% 置信区间内低值冷点显著聚集；99% 置信区间内低值冷点显著聚集。高值聚集区表明该城市是高市场份额的空间集中地，低值聚集区表明该城市市场份额的集中不明显，以此来观察市场结构的空间分布特征。

5.4 城镇化过程中的市场行为特征

5.4.1 市场行为的概念

市场行为指每个市场主体为争取、扩大或保护自身的市场势力以获得稳定超额利润而产生的交易行为。贝恩（Bain，1954）认为影响市场行为的四种因素包括规模经济、绝对成本优势、产品差别优势、资本要求。这四种因素使市场主体获得了保持和增加市场势力的能力，并使其不致减小。在结构－行为－绩效模型中，市场行为代表了市场主体面对现有的市场结构和外部环境（包括政治、文化、经济等因素的变动），为了扩张、依附、开创、占有和保持市场势力而做出的选择行为。梯若尔（Tirole, 1988）认为常见的市场行为包括价格调整、产品研发、投资、广告等，此外还应包括专利保护、品牌树立、专业分工等现代企业行为。

广义而言，企业和劳动力在城镇化过程中的行为都可归为市场行为，狭义而言则是企业和劳动力根据空间市场势力和市场结构的特征而做出的利益最大化的选择行为，因而市场行为也最能反映城镇化的过程特征。企业根据资源、劳动力或市场导向选择所在地，而不限于城市；劳动力或者离开乡村进入城镇就业，或者在镇和村之间来回移动，从事不同职业。除非劳动力在乡村有高于机会成本的可观收入，才会选择固守乡村。和一般的市场行为不同的是，城镇化是企业和劳动力的迁移，因而代表了其可在不同地区的市场之间进行选择。

因此除了空间市场势力和市场结构外，市场规模也影响了市场行为，因为如果某地市场规模不够大，则即使企业和劳动力具有较大的空间市场势力并垄断市场，该交易额也无法维持较大规模的企业和劳动力生存，继续在该市场采取行为已无必要。市场行为的前提是劳动力可以自由迁移，也即用脚投票的权利，这同时也是城镇化的前提。杨小凯（2003）认为城乡之间的自由迁移保证真实收入在城乡之间实现均等化，成为分工演进过程中自然的过渡性二元经济结构。在劳动力的市场行为中，收入水平和生活成本是重要的选择标准，就业地选择来自收入水平，即能最大获利的地区；居住地选择来自生活成本和运费，即费用最低的地区。因此农民的决策来自收益和成本差额最大化，按照勒纳指数模型即为空间市场势力最大化。

5.4.2　市场行为的分类

根据城镇化过程中空间市场势力的占有和变动，市场行为可分为市场扩张、市场保持、市场分工、市场选择四种类型。其中市场扩张和市场保持是企业在城镇化过程中的主要行为，如企业合并和扩大生产规模以增加利润，从而发起分工，以及企业保持或缩小规模以抗击市场风险。市场分工和市场选择是劳动力在城镇化过程中的主要行为，如劳动力参与就业和自主兼业。竞争企业主要为市场保持行为，发起市场分工的行为较少；垄断企业主要为市场扩张行为，并发起市场分工行为，服务业企业和劳动力参与市场分工或选择其他职业。

1. 市场扩张

市场扩张指垄断企业进一步扩大规模，如企业合并、提高产量、扩张销售网点、增加投资等。当垄断企业占有一定的市场份额之后，为了扩大已有市场势力的影响，其会在新市场进一步投放产品，前提是产品具有普遍的需求价格低弹性。市场扩张的主要依托是资本投入，即为了扩大生产和营销规模而消耗的成本。当市场扩张时，根据斯密定理即市场规模决定分工水平的作用，垄断企业将进一步延长和深化分工程度，由此其资本投入所消耗的成本也以分工的形式被其他市场主体所占有，如原材料、土地、人力、物流、广告等费用，并由此衍生出数量越来越多、等级越来越高的专业服务商，因此也吸引了更多的劳动力。市场扩张也是集中城镇化中空间市场势力能够不断积累的原因之一，因为无论是企业还是劳动力都希望扩大自己的空间市场势力，而这也构成了城市能够不断发展的基础。

2. 市场保持

市场保持指企业为了保持自身的市场势力而采取的防范策略，如当市场出现波动时，企业为抵御市场风险，会保持或缩小规模，或转而参与上游分工，而不直接进行销售，以降低交易风险。市场保持对劳动力也同样适用，如在一定区域内以合同形式的雇佣就业就是对劳动力空间市场势力的保持，使其能获得稳定超额利润。如果劳动力不具有收益较高的收入来源，如经营活动等，那么参与企业分工则是稳妥的选择。

3. 市场分工

市场分工指垄断企业为获得更多利润而扩大规模，从而发起分工，服务业企业和劳动力为了利用垄断企业的外部经济而参与企业分工，从而依附垄断企业的行为。市场分工和市场扩张相对应，即市场扩张之后才会产生更多的分工需求，才会吸引更多的服务业企业和劳动力。分工是产业组织理论的核心概念，也是该理论应用于城镇化研究的主要媒介。在城镇化过程中，分工能够使服务业企业获得空间市场势力，因为企业通过参与分工而依附于垄断企业，从而通过稳定的中间品和服务供应获得了市场份额，这也是服务业企业乐于参与分工的动机。在劳动力市场中，劳动力是卖方，企业是消费者，正如加贝尔（Gabel，1983）认为：买方集中度上升引起了卖方集中度上升。

由于个体劳动力面对企业时议价能力有限，因此个体劳动力是弱势群体。而一旦劳动力和企业签订合同，劳动力就获得了稳定超额利润，也增大了自己的市场势力，相当于企业将自己销售产品所获得的一部分超额利润让渡给劳动力，劳动力也因而降低了就业风险。韦灵（Werin & Wijkander，1992）认为合同的自动实施是市场势力起作用。斯蒂格勒（Stigler，1983）认为任何无弹性供给的生产要素都能得到多少带有地租成分的收益，工资也具有这种属性。因此就业的劳动力都倾向于以合同的方式固定工资收入，而不倾向于随机而临时的打工。只有当工资收入较低时，劳动力才会选择其他收入渠道。市场分工也是能够吸引劳动力从事非农就业并促进城镇化过程的主要市场行为，使劳动力避免了交易风险，这一点是经商不能相比的，因为经商的交易风险较高。这也是劳动力一般选择雇佣工作而非经商的原因。

4. 市场选择

市场选择指在市场中处于弱势地位的中小企业和劳动力，由于其市场势力一般较弱，因此当其在本地市场无法获得高于机会成本的收益时，在自由迁移的条件下，其会选择更有利的市场，而离开已有市场。经济学家俄林（Ohlin，1968）认为不同地区的价格差异会产生要素流动，要素流动是商品流动的替代物。在劳动力市场中，价格差异指企业平均利润水平或劳动力平均工资水平，是对企业生产效益和劳动力就业回报的参考标准。

对于企业而言，基本的市场选择包括生产方式和生产地选择。如果企业收益率较高，则其会专注于生产产品，将原材料供应和产品流通环节交由其他企业。如果企业收益率较低，则其会独自承揽生产和流通环节，如浙江比较普遍的前店后厂模式。如果企业收益率较高，则其会选择更大规模且更先进的厂房生产以升级产品种类和质量，如进入城市、镇区或工业区建厂。如果企业收益率较低，则其为了降低生产成本，仍然会选择在农村地区的自家厂房生产，而缺乏进入城市、镇区或工业区建厂的动机。

对于劳动力而言，基本的市场选择包括就业地和居住地的选择。就业地选择来自收入最大化的前提，如果劳动力在分工中工资水平较高，则其不会选择其他的就业机会，就业地点稳定，其空间行为特征单一，在就业地和居住地之间流动。如果劳动力在分工中工资水平较低，则其会选择其他就业机会，也即“用脚投票”的兼业，其空间行为特征也呈多样性。而居住地选择则和就业方式、生活成本有关。如果劳动力从事合同雇佣就业，且就业时间较长，工资水平也较高，则其会选择靠近企业的地方居住，即使企业分布在城区。如果劳动力从事非合同雇佣就业，且就业时间较短，工资水平较低，则其会选择生活成本最低的地方居住，如农村地区。

市场选择的差异性也使劳动力的生产和生活目的地产生空间分异，并据此分为一般城镇化、就近城镇化和就地城镇化。一般城镇化指农民进入城市就业和居住，是通常意义的城镇化。城市具有庞大的市场规模和多样的市场需求，也是各种企业的聚集地，产业链既多且广，因此农民主要的就业选择是受雇于企业以参与分工，或利用城市的市场规模从事零售业，充分利用城市的外部经济以获取超出农业生产的稳定超额利润。农民如果进城务工或经商，一般都会居住在城市里，所以一般城镇化所产生的生活成本较高。农民如果居住在乡村，则每天的通勤成本较高。因此近年来出现的半城镇化现象即农民就业在城市而居住在城郊，产生了空间分异。

就近城镇化指农民进入镇就业，在农村生活。镇的等级虽然低于城市，市场规模和服务水平也不及城市，但其优势在于生产成本较低，因此适合企业落户，对于资源导向和劳动力导向的企业而言是比城市更好的选择。镇相比城市更靠近乡村，也即靠近农民的居住地，农民如果在镇里就业，则可以实现在农村生活，而不需支付高额的生活成本和通勤成本，企业因而也无须为劳动力支付更多的工资。就近城镇化适合农民对生活服务水平要求不高的情况。如果镇的生活服务水平较好且生活成本较低，农民会考虑在镇居住，但这种情况较为少见，因为镇和城市相比仍有差距，希望改善生活服务水平的农民更倾向于选择在城市居住，而镇的主要功能仍旧是就业地。还有一种特殊情况是城市周边地区的农民，其居住地离城市较近，因此其可以直接选择去城市就业而不需要支付较高的费用。

还有一种特殊的城镇化是就地城镇化，即农民直接在乡村从事非农就业，包括两种情况：第一种情况是农民在乡村开办企业，由于乡村的生产成本比镇更低，因此这种模式非常适合农民创业初期的中小规模企业；第二种情况是农民的耕地自身具有良好的自然禀赋，可以生产高品质的农产品，则农民在本地就可以扩大生产规模和发起分工，批量生产农产品并销往外地市场。两种情况都有分工的需求和生活服务的需求，从而有一定的集聚动力，不仅使本地农民完成就地城镇化，还可以吸引外来人口和企业加入，从而逐渐引入了城市功能，虽然无法相比于城市和镇。相比一般城镇化，就地城镇化更为灵活和多元，更符合农民的生产生活习性，因而在现实中普遍存在，甚至比一般城镇化更为普及。

一般城镇化代表了集中城镇化过程，就近城镇化和就地城镇化代表了分散城镇化过程，市场行为也是区分两种城镇化过程类型的表征。无论是一般城镇化，还是就近城镇化和就地城镇化，都是农村劳动力“用脚投票”的结果，反映了农村劳动力根据所面临的市场环境以及自身市场势力大小而做出的市场选择，符合收益最高而成本最低的原则，有存在的合理性。因此没有必要强调一般城镇化而否定就近城镇化和就地城镇化，这样反而忽视了其客观存在的市场规律。

5.4.3 市场行为的测度方法

在城镇化过程中，市场行为的测度方法包括两类：第一类是制造业的外部经济测度，包括 EG 外部经济指数等，以考察制造业企业是否有能力发起分工；第二类是对劳动力参与分工的行为特征测度，主要考察人口流动的目的地和流量，包括人口流动的空间聚类测度，以考察劳动力是否参与了企业发起的分工。因此制造业的外部经济和劳动力的参与分工正好构成了互相对应的关系。这类测度还包括劳动力的兼业特征测度以考察劳动力的兼业倾向，以及对于就业和居住地的选择测度，如是否住在镇区，还有影响农民生活质量的特征，因为相比城市和镇，劳动力可能更愿意在农村居住，更符合其生活习性。

1. EG 外部经济指数

EG外部经济指数由经济学家埃里森和格莱泽（Ellison & Glaeser，1997）提出，主要衡量产业集群的外部经济。如果应用于省域范围，则考察省域各产业的外部经济，反映产业对劳动力的吸引力，是考察产业的市场扩张和劳动力的市场分工行为的一种方法。其计算模型为：

$$\gamma_i=\frac{\sum_j\left(\frac{r_{ij}}{R}-X_j\right)^2-\left(1-\sum_j X_j^2\right)H_i}{\left(1-\sum_j X_j^2\right)\left(1-H_i\right)} \qquad ⑦$$

其中 γ_i 是产业 i 的 EG 外部经济指数，X_j 表示城市 j 中的总就业人口占省域总就业人口的比重，$\frac{r_{ij}}{R}$ 是产业 i 在城市 j 中的就业人口占总就业人口的比重，H_i 表示产业 i 在劳动力市场的 HHI。γ值越大，则产业 i 的外部经济越强；γ值越小，则产业 i 的外部经济越弱。因此根据 γ值可以判断产业 i 的外部经济，即对分工企业和劳动力的吸引力。

2. 人口流动的空间聚类测度

人口流动的空间聚类分析也是测度人口流动的空间集中程度的方法。利用全省各城市的客运量和净迁入人口进行空间聚类分析，分析工具为空间统计方法中的局部自相关 Getis-ord Gi* 工具，分析人口流动的高值聚集区和低值聚集区，共分为 7 个等级：99% 置信区间内高值热点显著聚集；95% 置信区间内高值热点显著聚集；90% 置信区间内高值热点显著聚集；不显著聚集；90% 置信区间内低值冷点显著聚集；95% 置信区间内低值冷点显著聚集；99% 置信区间内低值冷点显著聚集。高值聚集区表明该城市是人口流入的空间集中地，低值聚集区表明该城市人口流入不明显，以此来观察人口流动的空间分布特征。

5.5　城镇化过程中的市场绩效特征

5.5.1　市场绩效的概念

市场绩效指企业和劳动力的市场行为的表现结果，体现在两个方面：一方面指是否获得了较高的收益，另一方面指是否减少了成本。收益越高，成本越低，则根据勒纳指数模型，市场势力也越大，获得超额利润越多，说明为较好的市场绩效。市场绩效也决定了企业和劳动力下一轮的市场行为：如果市场绩效好，则企业和劳动力会继续之前的市场行为，是市场的正反馈过程；如果市场绩效不好，则企业和劳动力会调整市场行为以减少损失，是市场的负反馈过程。

城镇化中的市场绩效还体现在劳动力的收入结构上。如果劳动力的收入结构单一，如就业收入比重较大，其他收入比重较小，可认为劳动力的市场绩效较好，能够在分工中获得较大的空间市场势力。如果劳动力的收入结构多元，如包括就业和经商，则说明就业收入低，可认为劳动力的市场绩效较差，无法在分工中获得较大的空间市场势力，因此需要其他类型的收入来补充。市场绩效最终体现的仍旧是空间市场势力强弱和其兑现情况，因此也说明空间市场势力作为指引性因子，贯穿了结构—行为—绩效的全过程，而市场绩效也反映了空间市场势力的影响程度。

5.5.2 市场绩效的测度方法

1. 产业净收益率

市场绩效包括多种测度方法，其中最主要的是产业净收益率。卡尔顿（Carlton，2000）认为产业净收益率是测度市场绩效的主要方法。贝恩（Bain，1954）用产业净收益率来衡量市场绩效，实际也可用来衡量市场势力。梯若尔（Tirole，1988）认为市场绩效的测度方法包括价格和边际成本比率、产品多样性、创新率、利润和分配。产业净收益率是广泛应用的测度市场绩效的方法，是产业净利润和资本投资的比率，即用产业净利润 Pr 和总资产 Cp 来计算产业净收益率（ROE）。其模型如下：

$$ROE = \frac{Pr}{Cp} \quad ⑧$$

其中产业净利润 Pr 选取统计年鉴中的税后利润指标，总资产 Cp 选取统计年鉴中的所有者权益指标。所有者权益包括固定资产、股票、公积金等企业所有者持有的扣除负债后的资本形式。产业净收益率越高，则说明其空间市场势力越强，能够获得的收益越高，从而保证了集中城镇化的趋势。产业净收益率越低，则说明其空间市场势力越弱，所能获得的收益越高，从而无法开展分工，因而会有分散城镇化趋势。

2. 劳动力收益率

劳动力收益率也是劳动力的主要市场绩效，如果劳动力收益率高，则说明劳动力能够在企业就业中获得较高的工资，因而其倾向于在企业继续就业，而不会有其他的兼业行为，这也保证了集中城镇化的趋势。如果劳动力收益率低，则说明劳动力不能在企业就业中获得较高的工资，因而其倾向于在企业就业以外选择其他的职业，兼业特征明显，从而会有分散城镇化的趋势。

劳动力收益率的测度方法一般为明瑟收益率模型。明瑟收益率模型由经济学家明瑟（Mincer，1974）提出，用来回归分析受教育年限和就业年限对劳动力收益率的影响。其计算模型如下：

$$\ln Y = a + bE + cW + dW^2 + \phi \quad ⑨$$

式中，Y 是年工资收入；E 是受教育年限；W 是就业年限；a 是截距；ϕ 是误差项；b、c、d 分别是各项回归系数，其中 b 和 c 分别代表受教育年限和就业年限的收益率（如果 b 和 c 的值为正，分别说明受教育年限和就业年限越长，收益率越高；如果 b 和 c 的值为负，分别说明受教育年限和就业年限越长，收益率越低）。受教育年限的收益率越高，则说明劳动力的组成结构以受教育水平较高的劳动力为主，其专业化水平较高，倾向于在企业中稳定就业，因而有集中城镇化趋势。受教育年限的收益率越低，则说明劳动力的组成结构以受教育水平较低的劳动力为主，其专业化水平较低，难以在企业中稳定就业，会有兼业特征，因而有分散城镇化趋势。

5.6　空间市场势力对城镇土地利用的影响

5.6.1　空间市场势力对城镇用地规模的影响

城镇用地是市场生产和交易的场所，是企业和劳动力从事活动的地方，随着企业和劳动力受空间市场势力的吸引不断集聚，空间集聚的规模随之增加，对城镇用地的需求也增加，因此企业的空间市场势力对城镇用地有聚合效应，形成土地城镇化过程。和人口城镇化过程一样，土地城镇化过程也根据集中城镇化和分散城镇化的不同而有所区别。

城镇用地规模指的是在城镇化过程中企业和劳动力的市场行为所依托的城镇用地面积。在集中城镇化过程中，由于空间集聚的积累效应，空间规模以区位为中心向四周扩散，表现为城市用地的规模扩张效应，且是一种线性扩张。

当外部不经济出现而导致企业和劳动力之间的通勤距离过大，造成劳动力的生活成本提高时，劳动力就会选择脱离城市到其他地方就业，此时空间规模即停止增大。

分散城镇化也表现为城镇用地的规模增加，但是由于分散城镇化的空间集聚表现在特定区域内，因此城镇用地规模是非线性扩张的，即每个企业自我扩张，没有扩张中心。且由于每个企业的空间市场势力微弱，缺乏空间集聚的积累效应，因此分散城镇化的扩张规模的量级低于集中城镇化。

5.6.2 空间市场势力对城镇用地空间结构的影响

由于集中城镇化形成城镇用地线性扩张，有一个不断扩张的集聚中心，所以会形成不断扩大的城市。由于企业空间市场势力不断集中并集聚至城市，城市和周边的小城市和镇的规模差距不断扩大，因此单中心的城镇用地空间结构越来越显著，常形成单中心的都市区形态。

和集中城镇化不同，在分散城镇化过程中，由于企业的空间市场势力分散，所形成的城镇用地布局多为分散的组团状，均质地分布于特定区域内，因此无法形成大城市。这些组团包括城区、卫星城、产业区、大学城、科技园区、镇、村等多种形式，每个组团都有特定的功能，彼此之间通过交通网络相连。企业和劳动力根据自己的需求选择组团，而不是集聚在一个中心城市。其中镇作为城和乡的过渡区成为常见的组团，且和城市规模差异不大。分散城镇化的城镇用地空间结构常形成多中心、网络式的都市区形态，即某个特定区域由若干城、镇、村和产业区组成，人口均质分布在各组团中。分散城镇化和集中城镇化的城镇用地规模和空间结构特征对比如图 5-3 所示。

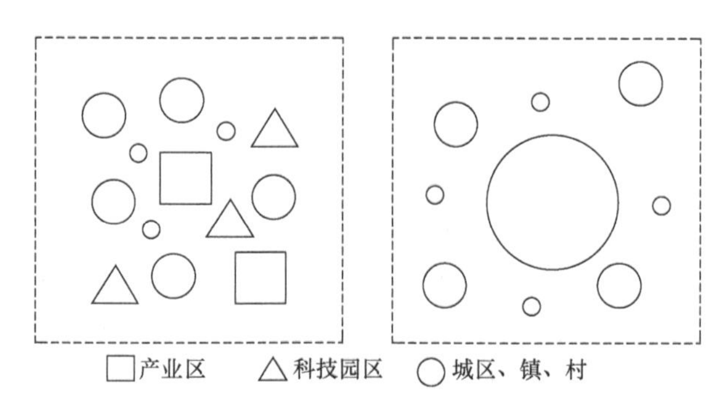

图 5-3　分散城镇化和集中城镇化的城镇用地规模和空间结构特征对比

5.6.3 空间市场势力对城镇用地功能的影响

1. 用地功能的形成机制

在空间市场势力的作用下，城镇化使城镇用地具有了各种非农化功能，这些功能主要来自企业和劳动力对生产和生活的需求，如制造业企业对工业和交通用地的需求，服务业企业对商业用地的需求，劳动力对居住用地和公共服务业用地的需求等。由此可见，城镇化过程中的分工关系衍生出一系列城镇用地功能，并由于空间集聚的持续性而稳定存在。

在以垄断或寡头为市场结构特征的集中城镇化中，垄断企业能够发起长期而复杂的分工关系，形成较长而复杂的产业链，因而服务业企业和劳动力不断围绕垄断企业集聚并向四周扩张，城镇土地功能也由此不断增加和升级，通常表现为生产服务业和生活服务业功能的衍生和扩张。普雷德（Pred，1966）认为当一个地区的市场规模足够大时，本地提供更大范围的商品和服务将变得有利可图，即基础产业的乘数效应。因此可以认为在集中城镇化中，垄断或寡头企业所发起的稳定的分工关系决定了企业和劳动力对城市空间的长效利用，从而使得城镇土地功能多元、高端而稳定，表现为高端的生产服务业和生活服务业，如研发、商务、会展、教育、商业等功能。在都市区中，这些高端的功能多分布在中心城市中，在其他城镇中则较少。当然，高端的服务业有赖于制造业本身的高端属性，因为只有高端产业才会衍生出对高端服务的需求。如果制造业本身偏于低端，则其对高端服务的需求不高，难以衍生出高端服务功能，仍然停留在对低端服务功能的需求层面。

在以垄断竞争为市场结构特征的分散城镇化中，竞争企业受自身空间市场势力所限，只能发起简单而短暂的分工关系，难以吸引大规模的高端的服务业企业和劳动力，城镇土地功能因而也趋于简单化且并不稳定，表现为简单的生产服务业和生活服务业，如贸易市场、小型工厂、小型仓库等功能，也难以带来乘数效应。另外，分散城镇化中的城镇功能种类较少，多为简单大批量地复制，使得城镇缺乏多样性。

和集中城镇化中城镇土地功能集中分布不同，在分散城镇化中，城镇土地功能常分布于各个组团，每个组团都具有一种主导的空间功能，来自其主导产业，而其他功能则较少，也较为简单。各组团之间构成互补的分工关系，共同组成了都市区形态。如浙江省各城市常见的“一镇一品”即为此形态，即每个城市的每个镇都有其主导产业，继而用地功能也各不相同。

2. 用地功能的结构

市场行为对城镇用地功能的影响主要表现为用地功能的结构，包括两方面：一方面是企业因扩大规模而发起分工的行为所形成的对制造业和生产服务业功能的需求；另一方面是劳动力因参与企业分工的行为所形成的对生活服务业和居住空间功能的需求。不同的城镇化过程特征决定了不同的用地功能结构。

（1）在集中城镇化中，企业发起的分工行为吸引了生产服务业和劳动力并能够稳定集聚，从而形成了长期的生产服务业和生活服务业空间功能的需求，因而制造业、生产服务业、生活服务业和居住空间功能的结构均衡。

（2）在分散城镇化中，企业难以发起长期的分工行为，因而缺乏对服务业和居住空间功能的需求，往往形成工业用地比例较高而服务业和居住用地比例较低的不均衡的用地功能结构。比如在一些产业镇的镇区或工业区，通常的用地功能结构为工业用地多而服务业和居住用地少，显现出工业区的用地功能结构，劳动力或者在附近的农村居住，或者居住在城区，在镇里居住的较少。制造业和服务业、居住用地比例不均衡的状况也形成了产城分离的现象，包括有产无城的工业区或有城无产的居住区。

5.6.4 空间市场势力对城镇用地密度的影响

在城镇用地中，用地密度代表了企业和劳动力对地块尺度的需求。在集中城镇化中，垄断或寡头企业自身规模较大，其对所占有地块尺度的需求也较大，因此在城镇用地中，通常表现为大尺度的地块结构。而在分散城镇化中，垄断竞争企业自身规模较小，其对所占有的地块尺度的需求也较小，因此在城镇用地中，通常表现为小尺度的地块结构。以上两种分类通常见于镇区的地块结构，但对于城区而言，由于地价较高，小型企业通常集聚在一个大尺度地块共同生产或经营，因此小尺度的地块结构也不多见。

如果地块尺度较小，则用地密度会相应增大，形成“小街区、密路网”的格局，地块的临街空间开放，这也和分散城镇化所对应，因为企业的规模较小，因此所承载的用地规模也较小。如果地块尺度较大，则用地密度会相应减小，形成“大街区、疏路网”的格局，地块的临街空间封闭，这也和集中城镇化所对应，因为企业的规模较大，所承载的用地规模也较大，垄断企业也倾向于占据一个较大规模的地块。

5.6.5　空间市场势力对城镇土地利用集约度的影响

空间市场势力的集中程度也影响了城镇土地利用集约度，二者具有一定的相关性。城镇土地利用集约度指单位土地面积上投入的人力、物力、财力的状况。如果空间市场势力集中，形成集中城镇化，则企业和劳动力集中在特定空间，集聚密度较高，该空间利用的集约度较高。如果空间市场势力分散，形成分散城镇化，则企业和劳动力分布较为分散，集聚密度较低，该空间利用的集约度较低，比较粗放。集约利用的城镇土地提高了使用效率，有利于降低交易成本，如时间成本和交通成本。粗放利用的城镇土地降低了使用效率，也增加了额外的交易成本，但如果集聚密度过高，则会使企业和劳动力过于拥挤并互相排斥，属于城镇的外部不经济效应。

5.6.6　空间市场势力对城镇土地利用效率的影响

市场绩效对城镇土地利用的影响主要在于影响了城镇土地利用效率。城镇土地利用效率指的是在单位土地面积上的最大化产出情况。城镇土地利用效率的衡量指标主要指单位面积的土地产出，包括单位土地面积的 GDP、工业产值、社会消费品零售总额等。在集中城镇化中，企业和劳动力的市场绩效较高，则其不仅提升了自己所处土地的产出，还会吸引更多的资本，从而进一步提高产量，也有利于集中城镇化的进一步形成。在分散城镇化中，企业和劳动力的市场绩效较低，则其土地利用效率也较低，无法吸引更多的资本以提高产量。由于空间市场势力影响了市场绩效，因此可知企业和劳动力的空间市场势力和城镇土地利用效率也有一定的相关性。

第 6 章　空间市场势力影响城镇化的实证研究——全国视角

6.1　研究对象和方法

本章利用全国、东部、中部、西部的省际面板数据和向量自回归模型进行实证，验证产业集群的空间市场势力（简称产业空间市场势力）影响城镇化的理论框架的可行性，解释产业垄断竞争特征和城镇化相关性的方向、动态过程和影响程度，以及各地区城镇化的特征差异。应用改进勒纳指数模型来测度省级产业集群空间市场势力。产业集群空间市场势力体现了产业集群的分布特征。如果产业集群空间市场势力较大，则可认为大企业带动中小企业，企业较为集中；如果产业集群的空间市场势力较小，则可认为以中小企业为主，企业较为分散。省级产业集群空间市场势力测算可以参考改进勒纳指数模型。以某省的制造业集群空间市场势力（简称制造业企业空间市场势力，服务业同）为例，假定该省的全部制造业企业构成产业集群，由于全国工业品市场是垄断竞争市场，则可应用垄断竞争市场中的空间市场势力测度公式，即 $M=\frac{\theta}{\varepsilon}$，$M$ 是该省制造业的工业品相对于全国工业品市场的推测弹性 θ 和需求价格弹性 ε 的比值。同理，如果省级产业集群空间市场势力较大，则可认为该省产业较集中，分布在大城市；如果省级产业集群空间市场势力较小，则可认为该省产业较分散，分布在中小城市或乡镇。省级产业集群主要包括制造业、服务业企业。

6.2　变量的选取和计算

在产业垄断竞争特征和城镇化相关性的回归分析中，主要选取 4 个变量：城镇化率（UR)、制造业企业空间市场势力（MM)、服务业企业空间市场势力（SM）和房地产企业空间市场势力（HM)，其中 HM 是控制变量。数据来源包括全国 31

个省、自治区、直辖市（不包括港澳台）。城镇化率是各省历年常住人口城镇化率，用来表征城镇化水平。省级产业集群空间市场势力的计算模型参照产业集群总体空间市场势力的测度方法，并参考汪贵浦等（2014）的空间市场势力测度方法，以年份为周期，建立产业推测弹性和需求价格弹性的计算模型。

制造业需求价格弹性 ε_i 的计算公式为：

$$\varepsilon_i^j = \frac{p_{i-1}^j(y_i^j - y_{i-1}^j)}{y_{i-1}^j(p_i^j - p_{i-1}^j)} \quad ①$$

$$a_i^j = p_i^j y_i^j \quad ②$$

式中，ε_i^j 为 j 省 i 年产品需求价格弹性；a_i^j 为 j 省 i 年工业总产值；p_i^j 为 j 省 i 年工业品综合出厂价格；y_i^j 为 j 省 i 年工业品综合出厂总产量。由于 j 省 i 年工业品出厂价格指数 PPI_i^j 的公式为：

$$\frac{\mathrm{PPI}_i^j - 100}{100} = \frac{p_i^j - p_{i-1}^j}{p_{i-1}^j} \quad ③$$

因此联立式①～式③可得 ε_i^j 的计算模型为：

$$\varepsilon_i^j = \frac{\dfrac{100a_i^j}{a_{i-1}^j \mathrm{PPI}_i^j} - 1}{\dfrac{\mathrm{PPI}_i^j}{100} - 1} \quad ④$$

可知某省制造业需求价格弹性和历年该省工业总产值、工业品出厂价格指数有关。

制造业推测弹性 θ_i^j 的计算公式为：

$$\theta_i^j = \frac{(Y_i - Y_{i-1})\ y_{i-1}^j}{(y_i^j - y_{i-1}^j)\ Y_{i-1}} \quad ⑤$$

$$A_i = P_i Y_i \quad ⑥$$

$$\frac{\mathrm{PPI}_i - 100}{100} = \frac{P_i - P_{i-1}}{P_{i-1}} \quad ⑦$$

式中，A_i 为 i 年全国工业总产值；Y_i 为 i 年全国工业品综合出厂总产量；P_i 为全国工业品综合出厂价格；PPI_i 为 i 年全国工业品出厂价格指数。联立式⑤～式⑦可得 θ_i^j 的计算模型为：

$$\theta_i^j = \frac{\dfrac{100A_i}{A_{i-1}\mathrm{PPI}_i} - 1}{\dfrac{100a_i^j}{a_{i-1}^j \mathrm{PPI}_i^j} - 1} \quad ⑧$$

可知某省制造业推测弹性与历年全国与该省的工业总产值、工业品出厂价格指数有关。

因此 i 年 j 省制造业空间市场势力 MM_i^j 计算模型为：

$$\mathrm{MM}_i^j=\frac{\theta_i^j}{\varepsilon_i^j}=\left(\frac{\dfrac{100A_i}{A_{i-1}\mathrm{PPI}_i}-1}{\dfrac{100a_i^j}{a_{i-1}^j\mathrm{PPI}_i^j}-1}\right)\Bigg/\left(\frac{\dfrac{100a_i^j}{a_{i-1}^j\mathrm{PPI}_i^j}-1}{\dfrac{\mathrm{PPI}_i^j}{100}-1}\right) \quad ⑨$$

同理上述方法，运用社会消费品零售总额和消费者物价指数（CPI）来计算 i 年 j 省服务业企业空间市场势力 SM_i^j，运用住宅销售面积和住宅销售价格指数来计算 i 年 j 省房地产企业空间市场势力 HM_i^j。全国和各省的工业总产值、社会消费品零售总额、住宅销售面积、CPI、PPI、住宅销售价格指数的数据来自全国和各省统计年鉴，时间跨度是2000—2016年。之所以选取该时间跨度，是因为在2000年以后，城镇化率和工业总产值的统计口径与往年不同。由此构建了4个 31×17 的省际面板数据矩阵，并消除明显的误差项。统计工具采用STATA 14.0的面板向量自回归模型：

$$Y_{it}=\alpha_i+\beta_t+\sum_{n=1}^{j}\phi_j Y_{it-j}+\vartheta_{it} \quad ⑩$$

式中，i 表示不同地区；j 表示滞后阶数；t 表示年份；Y_{it} 表示变量矩阵；ϕ_j 表示变量系数矩阵；α_i 表示不同地区的个体固定效应；β_t 表示时间效应；ϑ_{it} 表示随机误差项。实证分析主要包括样本平稳性检验、变量回归、脉冲响应和方差分解。回归结果包括全国、东部、中部、西部4个层面。其中东部、中部、西部地区的分类方法采用国家统计局《东西中部和东北地区划分方法》。表6–1是面板数据各变量的描述性统计特征。

表6–1　面板数据各变量的描述性统计特征

变量	样本数	均值	标准差	最小值	最大值
UR	411	0.4787812	0.1553327	0.1932802	0.8960662
MM	411	0.2210073	0.1922931	0.003139	0.9995471
SM	411	0.2173423	0.1699269	0.004692	0.9931544
HM	411	0.1617496	0.1943078	0.0007018	0.9879168

6.3　实证分析

6.3.1　样本平稳性检验

由于省际面板数据不是平衡数据，因此首先用 Eviews 软件进行面板数据的单位根检验，分别应用 LLC（Levin, Lin & Chu）、Breitung t-stat、IPS（Im, Pesaran and Shin W-stat）检验方法，采用 SIC 规则确定滞后阶数，检验结果如表 6-2 所示。由结果可知在一阶差分下各变量呈现平稳性特征，可以进行面板向量自回归。

表 6-2　面板数据的平稳性检验

变量（全国）	LLC	Breitung t-stat	IPS
UR	-0.86165	1.36073	-0.65285
D（UR）	-9.61860***	-8.36527***	-9.59782***
MM	-15.1859***	-9.28409***	-11.9756***
D（MM）	-19.5864***	-5.54266***	-18.0889***
SM	-14.9072***	-7.55267***	-11.6054***
D（SM）	-20.3120***	-9.50783***	-18.1217***
HM	-15.8392***	-8.68634***	-11.6517***
D（HM）	-23.5069***	-12.1003***	-20.5560***

注："***""**""*"分别表示在 1%、5% 和 10% 的水平上显著。

6.3.2　变量回归结果

利用 AIC、BIC 方法确定最优滞后阶数，全国和东部、中部、西部都是 1 阶，因此滞后 1 期。利用广义矩估计方法（GMM）进行向量自回归，并用前向均值差分法（Helmert 转换）消除固定效应，用截面均值差分法消除时间效应。面板向量自回归模型的变量回归结果如表 6-3 所示（其中主要回归结果加粗表示）。

表 6-3　面板向量自回归模型的变量回归结果

变量		全国	东部	中部	西部
UR	L1.UR	0.9284856*** (0.0974373)	0.8566503*** (0.1160116)	0.7810497 *** (0.0916849)	0.8701378*** (0.1109931)
	L1.MM	−0.0116775*** (0.0039919)	−0.0186287* (0.0103667)	−0.0173478** (0.007286)	−0.0041956 (0.0065898)
	L1.SM	−0.0038365 (0.0049755)	−0.0134886 (0.0090375)	−0.0099588* (0.0053439)	0.026913** (0.0135601)
	L1.HM	−0.000051 (0.0029566)	−0.0011354 (0.0066411)	0.0016854 (0.0031927)	−0.0014074 (0.0075056)
MM	L1.UR	0.953271 (1.404035)	1.620454 (1.053742)	0.5739113 (2.367709)	1.843264 (3.226171)
	L1.MM	0.1349691 (0.0866368)	0.0583517 (0.2141779)	−0.0186212 (0.2311476)	0.111115 (0.136455)
	L1.SM	0.1851392* (0.0957022)	0.1202953 (0.1236158)	0.0074972 (0.2024304)	0.3215501* (0.1657259)
	L1.HM	−0.0468681 (0.0540952)	0.0252706 (0.1014394)	−0.0658568 (0.0702975)	0.0471302 (0.1223362)
SM	L1.UR	−4.003809*** (1.254999)	−0.345146*** (1.033521)	0.0870253 (2.041348)	−0.2759286 (2.141943)
	L1.MM	0.0120058 (0.0685832)	0.1448355 (0.1529306)	0.122275 (0.1218247)	−0.229289* (0.13662)
	L1.SM	0.2399788 *** (0.0910361)	0.1539105 (0.1141419)	0.3195803** (0.1079845)	0.2884696** (0.1230124)
	L1.HM	0.0123665 (0.049447)	0.1064655* (0.0632376)	−0.1524864 (0.124212)	0.0446613 (0.0807401)
HM	L1.UR	10.685066 (10.637309)	−0.2546456 (1.430977)	4.354273 (3.238036)	2.177837 (3.778524)
	L1.MM	−0.05019 (0.1083535)	−0.094733 (0.1878279)	0.1352691 (0.2598942)	0.0392821 (0.2089279)
	L1.SM	−0.1040004 (0.1116674)	−0.0553249 (0.1528492)	0.2886794 (0.1825284)	−0.4891557** (0.206839)
	L1.HM	0.0337802 (0.0891351)	−0.0677031 (0.1404626)	−0.0527332 (0.1160227)	0.0818028 (0.1856744)

注：L1 表示滞后 1 期，括号内为标准误差值。“***”“**”“*”分别表示在 1%、5% 和 10% 的水平上显著。

从回归结果来看：UR、MM、SM 的相关性较强，而控制变量 HM 和 UR 缺乏相关性，说明 MM 和 SM 是 UR 的主要影响变量，因此只报告 MM 和 SM 的结果，不报告 HM 的结果。

从全国和东部结果来看：当 UR 是因变量时，UR 和 MM 显著负相关，说明城镇化率随着制造业企业空间市场势力减小而升高；当 SM 是因变量时，UR 和 SM 显著负相关，说明服务业空间市场势力随着城镇化率升高而减小。由此可以判断，全国和东部都有表 5–3 阶段 4 的特征，即产业竞争性加强，且服务业出现扩散，城镇化率和产业集群空间市场势力负相关，呈现分散型城镇化特征，进入了城镇化成熟期。该结果说明了产业具有由大城市向中小城市扩散的特征，如我国东部沿海地区的长三角、珠三角城市群，中小城市的产业发展水平和城镇化水平较高。

从中部结果来看：当 UR 是因变量时，UR 和 MM、SM 显著负相关，说明城镇化率随着制造业和服务业企业空间市场势力降低而升高；当 MM 和 SM 是因变量时，UR 和 MM、SM 缺乏显著相关性。说明中部有表 5–3 阶段 3 的特征，即产业集群空间市场势力竞争性增强，但城镇化率对产业集群空间市场势力的影响不显著，城市制造业和服务业仍然主要集聚在大城市，没有出现扩散，也符合中部各省以省会城市为推进城镇化主体城市的特征。

从西部结果来看：当 UR 是因变量时，UR 和 SM 显著正相关，说明西部的城镇化率随着服务业企业空间市场势力的升高而升高，具有明显的表 5–3 阶段 1 的特征，体现了省会城市的服务业对人口的吸引。

以上结果既符合我国城镇化率接近 60%、进入城镇化中高水平的特征，也体现了我国城镇化的区域差异特征，即西部起步、中部平稳而东部成熟，因而验证了理论框架和城镇化阶段特征的可行性。

6.3.3　脉冲响应结果

向量自回归结果体现了变量之间的静态相关性，脉冲响应是各变量对某一变量的正交化脉冲所做的响应，体现了变量之间相关性的动态变化过程和影响程度，是对变量回归结果的进一步解释。本书采用 Cholesky 正交分解方法，变量顺序是 UR、MM、SM，脉冲响应结果整理后如图 6–1 所示。

从全国和东部结果来看：对于 MM 和 SM 的正交脉冲，UR 有较弱的负向响应，各响应值几乎可以忽略；对于 UR 的正交脉冲，SM 有较强的负向响应，且先增强而后减弱。该结果和变量回归结果基本一致，即产业集群空间市场势力对城镇化率的影响不显著；但城镇化率的提升对产业集群空间市场势力影响

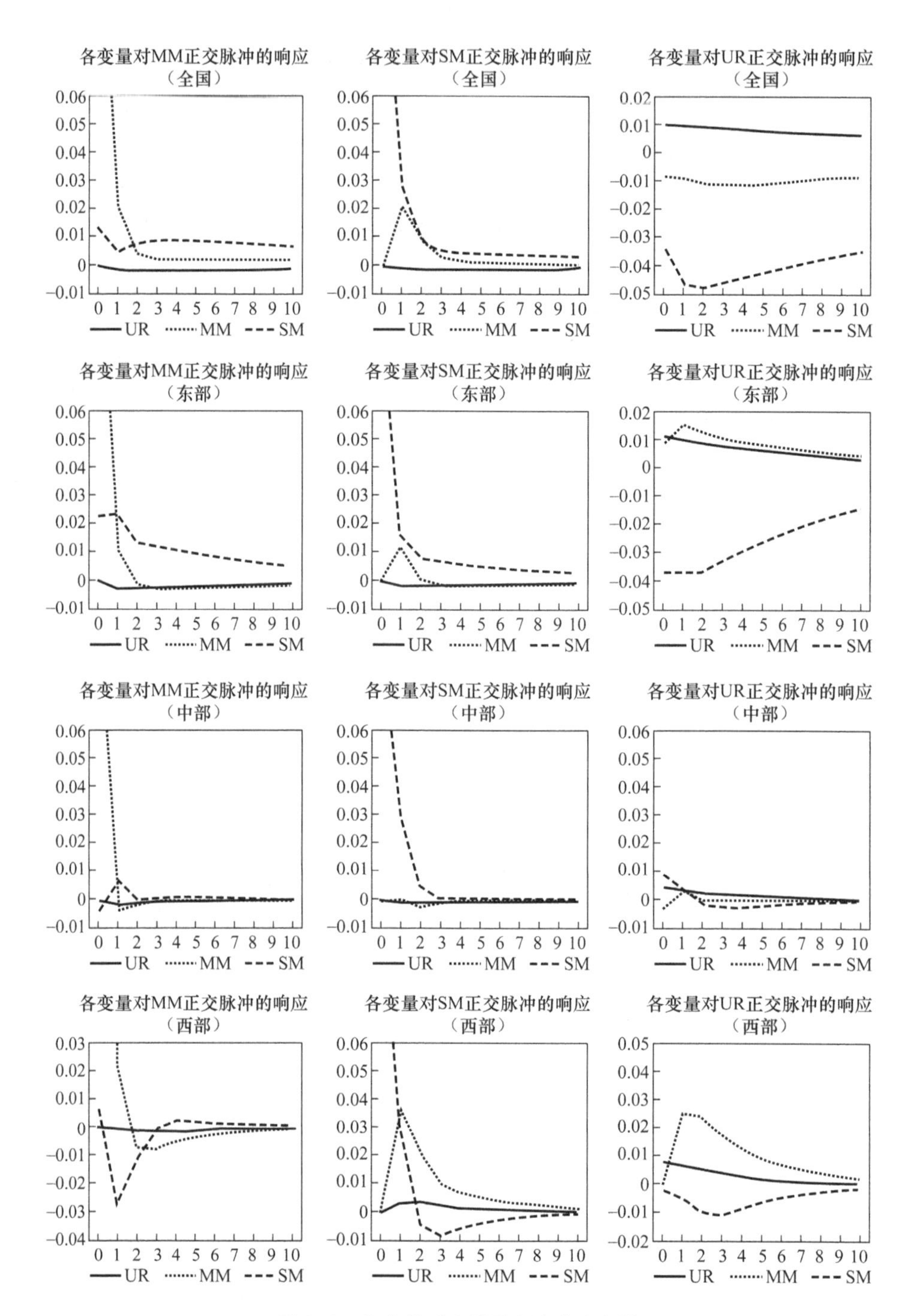

图 6-1　各变量对变量正交脉冲响应图

较显著，提高了产业竞争性，引起了服务业的扩散，具有表5-3阶段4的特征。SM对于UR的正交脉冲先增强而后减弱的负向响应表明了服务业产业在扩散初期受城市负外部性影响较大，逐步扩散以后受城市负外部性影响较小。在东部结果中，MM对UR的正交脉冲有正向响应，该结果在变量回归结果中并未报告，说明城市正外部性对制造业企业空间市场势力仍然有正向作用，但并不显著。

从中部结果来看：对于MM和SM的正交脉冲，UR分别有较弱的负向响应；对于UR的正交脉冲，MM和SM有较弱的正向响应和负向响应；各响应值几乎可以忽略。该结果和变量回归结果基本一致，即产业集群空间市场势力和城镇化率的相互影响不显著，缺乏相关性，具有显著的表5-3阶段3的特征。

从西部结果来看：对于MM的正交脉冲，UR有较弱的负向响应，响应值几乎可以忽略；对于SM的正交脉冲，UR有正向响应，先增强后减弱；对于UR的正交脉冲，MM有正向响应，SM有负向响应。该结果和变量回归结果基本一致，即服务业企业空间市场势力对城镇化率有正向影响，但并不显著；同时城镇化率对制造业空间市场势力有正向影响，具有表5-3阶段1的特征。UR对于SM的正交脉冲先增强后减弱的正向响应说明服务业对于城镇化的提升作用有限。MM对于UR的正交脉冲先增强后减弱的正向响应也说明了城市的本地市场规模有限，无法进一步带动制造业发展。另外，城镇化率对服务业企业空间市场势力有负向影响，说明城市服务业竞争力逐渐增强，但并不显著。

6.3.4 方差分解结果

进一步进行各变量预测误差的方差分解。方差分解同样体现了变量之间相关性的动态变化过程和影响程度，是对变量参数回归结果和脉冲响应结果的进一步解释和修正，以最终得出结论。对各变量进行40期的预测误差方差分解，结果如表6-4、表6-5所示，包括了各变量做方差分解时其他变量在第10期、第20期、第40期的贡献程度。

从全国和东部结果来看：当UR作为方差分解变量时，MM和SM的贡献程度较低；当MM作为方差分解变量时，UR的贡献程度较低；当SM作为方差分解变量时，UR的贡献程度很高，第10期分别达到51.42%和40.27%的贡献率，且全国结果不断增加，但增加程度有所减弱。该结果与变量回归结果和脉冲响应结果相似，即产业集群空间市场势力对城镇化率的影响不显著，但城镇化率对服务业企业空间市场势力的影响较大，增强了竞争性，形成了服务业的扩散，且影响程度先增强后减弱，有明显的表5-3阶段4的特征。虽然在东部脉冲响应结果中MM对UR的正交脉冲有正向响应，但UR对MM方差分解的贡献程度并不高，不足5%，补充说明了城镇化率对制造业企业空间市场势力有正向影响的脉冲响应结果并不显著。

从中部结果来看：当UR作为方差分解变量时，MM和SM的贡献程度较低；当MM和SM作为方差分解变量时，UR的贡献程度较低。该结果与变量回归结果和脉冲响应结果相似，即产业集群空间市场势力和城镇化率的相互影响不显著，缺乏相关性，具有表5-3阶段3的特征。

从西部结果来看：当UR作为方差分解变量时，SM的贡献程度较高，第20期达到了16.41%的贡献率；当MM和SM作为方差分解变量时，UR的贡献程度较低。该结果与变量回归结果和脉冲响应结果相似，即服务业企业空间市场势力对城镇化率有正向影响，但影响程度有限，具有表5-3阶段1的特征。虽然西部脉冲响应结果中SM对UR的正交脉冲有正向响应，但UR对SM方差分解的贡献程度并不高，补充说明了城镇化率对服务业企业空间市场势力有负向影响的脉冲响应结果并不显著。

表6-4 各变量预测误差的方差分解结果（全国和东部） 单位：%

方差分解变量和期数	全国				东部			
UR	UR	MM	SM	HM	UR	MM	SM	HM
10	95.78	3.40	0.80	0.00	89.96	7.62	2.20	0.20
20	95.48	3.60	0.90	0.00	89.60	7.88	2.30	0.22
40	95.38	3.67	0.93	0.00	89.56	7.91	2.31	0.22
MM	UR	MM	SM	HM	UR	MM	SM	HM
10	0.10	96.59	2.85	0.45	4.37	94.70	0.81	0.12
20	0.17	96.53	2.85	0.44	4.80	94.30	0.82	0.11
40	0.21	96.49	2.85	0.44	4.83	94.21	0.83	0.12
SM	UR	MM	SM	HM	UR	MM	SM	HM
10	51.42	1.83	46.72	0.02	40.27	8.43	49.58	1.71
20	59.55	2.26	38.16	0.02	42.54	8.53	47.27	1.64
40	62.68	2.43	34.86	0.02	42.77	8.54	47.04	1.63

表6-5 各变量预测误差的方差分解结果（中部和西部） 单位：%

方差分解变量和期数	中部				西部			
UR	UR	MM	SM	HM	UR	MM	SM	HM
10	81.75	10.80	5.55	1.88	81.86	1.83	16.25	0.04

（单位：%）（续表）

方差分解变量和期数	中部				西部			
20	81.64	10.85	5.60	1.91	81.64	1.88	16.41	0.05
40	81.63	10.85	5.60	1.91	81.64	1.88	16.41	0.05
MM	UR	MM	SM	HM	UR	MM	SM	HM
10	0.17	98.67	0.05	1.10	4.71	85.04	9.21	1.02
20	0.17	98.67	0.05	1.10	4.84	84.89	9.20	1.01
40	0.17	98.67	0.05	1.10	4.84	84.88	9.24	1.01
SM	UR	MM	SM	HM	UR	MM	SM	HM
10	1.15	0.62	92.48	5.73	0.96	5.29	93.10	0.64
20	1.16	0.62	92.48	5.73	1.01	5.29	93.05	0.64
40	1.16	0.62	92.48	5.73	1.01	5.29	93.05	0.64

6.4 结　论

本章利用空间市场势力的改进测度模型构建省级产业集群中制造业、服务业企业空间市场势力的计算公式，从而和城镇化率共同构建了 3 个省际面板数据矩阵，利用 STATA 软件的面板向量自回归模型进行实证分析，以验证理论框架的有效性，得到以下结论。

（1）空间市场势力是表征产业垄断竞争特征的主要因子。产业垄断竞争特征对城镇化率的影响主要体现在形成了两种城镇化类型：空间市场势力增大引起企业和劳动力集聚的集中城镇化，以及空间市场势力不断减小造成企业和劳动力扩散的分散城镇化。第 5 章根据这种相关性正负和强弱程度的不同，把城镇化分为四个阶段：起步期、上升期、平稳期、成熟期。在这四个阶段里，产业由垄断趋于竞争，体现了小城市成长为大城市的城镇化过程。

（2）基于省域面板数据的向量自回归、脉冲响应、方差分解的实证结果表明：制造业、服务业企业空间市场势力和城镇化率有较显著的相关性。从实证结果来看，既有空间市场势力对城镇化率的影响，也有城镇化率对空间市场势力的影响，并在东部、中部、西部结果中分别找到了相对应的城镇化阶段，体现了我国城镇化的区域差异特征，从而验证了该理论框架的可行性。

（3）从全国和东部结果来看，城镇化率随着制造业企业空间市场势力降低而升高，但相关性很弱；服务业企业空间市场势力随着城镇化率升高而降低，相关性很强。由此可以判断，全国和东部都有表 5-3 阶段 4 的特征，即产业竞争性加强，且服务业出现扩散。该结果也符合我国城镇化进入中高水平的特征，以及东部地区城市群的中小城市产业和城镇化发展水平较高的特征。

（4）从中部结果来看，制造业、服务业企业空间市场势力和城镇化率的相关性不显著，说明中部有表 5-3 阶段 3 的特征，即产业集群空间市场势力竞争性增强，对城镇化影响程度有限，城市制造业和服务业仍然主要集聚在大城市，没有出现扩散，符合中部各省以省会城市为推进城镇化主体城市的特征。

（5）从西部结果来看，城镇化率随着服务业企业空间市场势力的升高而升高，相关性较强，但服务业企业空间市场势力对于城镇化率的影响程度有限，具有明显的表 5-3 阶段 1 的特征，城镇化有赖于省会城市服务业对人口的吸引。

（6）综合所有实证结果，以全国和东部的城镇化率对服务业企业空间市场势力、西部的服务业企业空间市场势力对城镇化率的影响程度较强，由此可见相比制造业，服务业的垄断竞争特征仍然是和我国城镇化相关性较强的主要因子。尤其是在我国西部地区，城市服务业对城镇化的影响较强，而制造业对城镇化的影响相对较弱。因此消除我国城镇化区域差异有赖于制造业由东向西的梯度转移，以扩大西部城市的产业垄断性，从而增强城镇化动力。

第 7 章　空间市场势力影响城镇化的实证研究——浙江省视角

7.1　浙江省城镇化的总体特征测度

7.1.1　浙江省城镇化的总体特征

1. 城镇化率高且增长快速，外来人口多

以浙江省为案例，研究空间市场势力影响城镇化的过程。浙江省是我国城镇化较为发达的地区，2021 年城镇化率为 72.7%，位居全国前列。本章研究时间跨度为 1995—2014 年，因为这段时间是 1992 年南方谈话后浙江省民营经济快速发展、城镇化水平快速提升的时期，保持了年均 1.5% 的增长速度，尤其是 2000 年后中国加入 WTO 至 2010 年上海世博会举办，浙江省出口型经济蓬勃发展，城镇化水平迅速增长，如图 7–1 所示，而全国增速仅为 1.4%（牛文元，2012）。浙江省也是吸引外来人口较强的地区，根据浙江省人力资源和社会保障厅（2010）发布的《2010 年第一季度浙江省部分市县人力资源市场供求状况分析》，外来务工人口的比重为 52%，高于本地人口。外来人口多说明浙江的制造业和服务业能够吸引外来劳动力就业。至 2015 年后，国际形势变化导致出口型经济下行，浙江省的城镇化增速也相应放慢。

2. 城镇化水平分布不均，北高南低特征明显

浙江省城镇化水平分布不均，北高南低特征明显，如图 7–2 所示。从城镇化率来看，城镇人口主要分布在环杭州湾地区和沿海的浙东南地区，并以杭州为中心。宁波的城镇化率仅次于杭州，是环杭州湾地区的副中心城市。其他地区的城镇化率较低，其中衢州和丽水是浙江 2014 年仍未达到 50% 城镇化率的地区。以上说明浙江的产业集群空间市场势力分布不均，北强南弱。

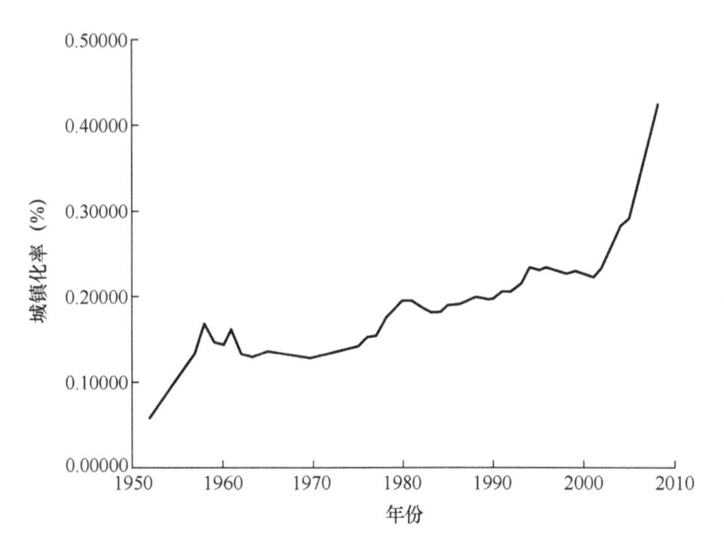

图 7-1　1950 年以来浙江省城镇化率（数据来源：《浙江 60 年统计资料汇编》）

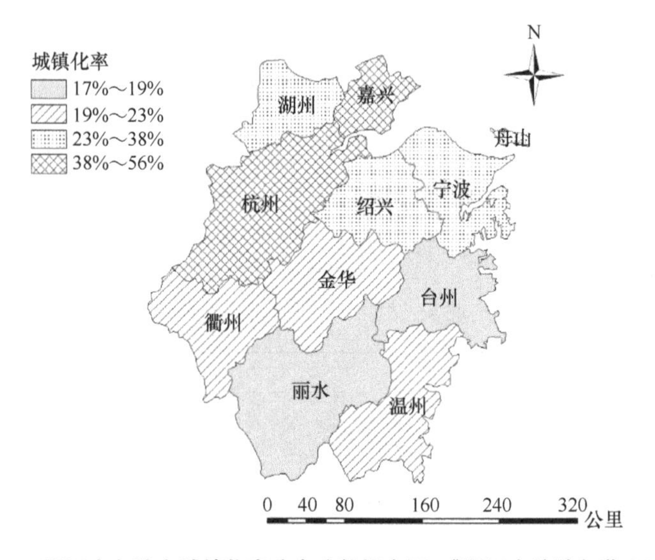

图 7-2　浙江省各城市城镇化率分布（数据来源：《浙江省统计年鉴 2015》）

3. 城市规模较小，和杭州、宁波差距大

浙江省城市规模普遍较小，除杭州、宁波、绍兴外，其他城市的市区人口都不到百万，普遍低于 50 万，县城人口不足 20 万。而市区面积也较小，地级市区面积不足 50 平方公里，县城市区面积不足 30 平方公里。在 64% 的城镇化

率背景下，全省非农人口达 1580 万，市区人口仅为 908 万，占比 57.5%，说明将近一半的非农人口都生活在农村，而不是在市区。这说明浙江的制造业很多分布在农村，空间市场势力较强，而城区的空间市场势力较弱。城市规模较小也和城镇化率北高南低的现状相符。

可利用首位度来分析浙江各城市和杭州、宁波的差距。2 城市首位度是城市规模前 2 位的城市之间的比值，4 城市首位度是城市规模最大的城市和之后的 3 位城市之间的比值，11 城市首位度是城市规模前 2 位的城市和之后的 9 位城市之间的比值。浙江省城市规模排位前 4 的城市为杭州、宁波、温州、绍兴（2005 年最后 1 位为嘉兴），排位前 11 的城市为杭州、宁波、温州、绍兴、湖州、嘉兴、金华、台州、舟山、衢州、上虞（2005 年最后 2 位为瑞安、义乌）。据此计算浙江省城市 1995 年、2000 年、2005 年、2010 年、2014 年各年的城市首位度，数据来源为 1996—2015 年的《浙江省统计年鉴》，采用市区非农业人口数据，计算结果如表 7–1 所示。

表 7–1　浙江城市首位度分析

年份	1995	2000	2005	2010	2014
2 城市首位度	1.92	1.86	2.39	2.35	2.29
4 城市首位度	0.91	0.88	1.14	1.18	1.24
11 城市首位度	0.96	0.91	1.13	1.21	1.29

数据来源：1996—2015 年的《浙江省统计年鉴》。

按照位序—规模的原理，2 城市首位度为 2，4 城市首位度和 11 城市首位度为 1 时是城镇体系的理想状态。2 城市首位度小于 2，4 城市首位度和 11 城市首位度小于 1 说明城市规模分布比较分散。2 城市首位度大于 2，4 城市首位度和 11 城市首位度大于 1 说明城市规模分布比较集中。浙江从 2000 年前 2 城市首位度小于 2、4 城市首位度和 11 城市首位度小于 1，到 2000 年之后 2 城市首位度大于 2、4 城市首位度和 11 城市首位度大于 1，且呈逐年下降趋势，说明 2000 年之前浙江城市规模分布分散，杭州并无明显集聚优势。2000 年之后首位城市杭州作为浙江省的中心城市具有优势，但 2 城市首位度持续降低，说明中心优势和次中心城市宁波相比有所下降。2000 年之后 4 城市首位度和 11 城市首位度均大于 1，且呈逐年上升趋势，说明其他城市和杭州、宁波的差距在日渐增大，在宁波市中心地位上升的情况下，温州、台州、嘉兴、金华等市的规模偏小，相对发展不足。

4. 企业主要分布在农村

浙江省企业数量大，规模小，分布广，且所在地主要在镇和乡村，而不是在城市。根据 2008 年浙江省第二次经济普查结果可知，浙江省企业总数 3.8 万家，企业就业总人数 54 万人，企业平均就业人数仅 11.3 人，且逐年下降，说明浙江的企业规模以中小企业为主。根据对浙江省约 5000 家企业所在地的抽样调查，63.1% 的企业所在地在镇区，24.2% 的企业所在地在城市，12.7% 的企业所在地在乡村，这说明浙江的企业形态以乡镇企业为主。根据《浙江省统计年鉴 2013》可知，专业技术人员主要分布在乡村企业，其次为国有企业，城镇企业的专业技术人员较少，如图 7–3 所示。

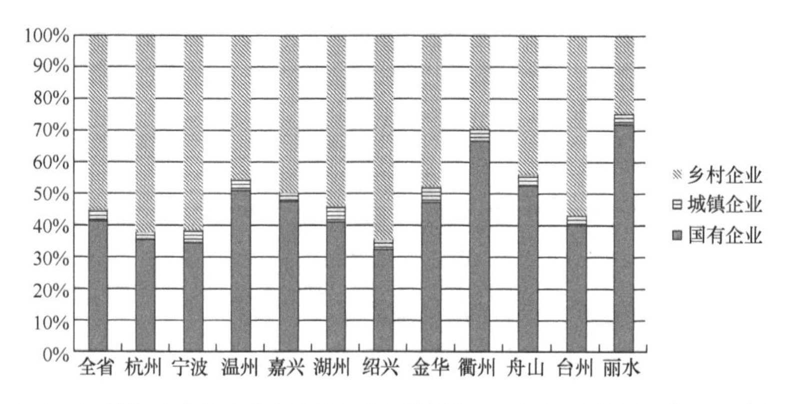

图 7–3 浙江省专业技术人员所在地（数据来源：《浙江省统计年鉴 2013》）

5. 城镇化人口受教育水平不高

浙江省城镇化人口虽然已完成非农化就业过程，但人口受教育水平普遍不高。根据 2010 年的浙江省“六普”数据，浙江省文盲、半文盲、小学和初中教育水平人口占全部人口的 76%，而大学教育水平人口仅占 10%。由此也反映出，浙江省企业对劳动力的教育水平要求不高，或劳动力主要为农民。而据浙江省统计局（2013）调查研究结果，2010 年，浙江省人口平均受教育年限比全国平均水平低 1.9 年，在沿海省市中居倒数第 1 位；文盲率比全国平均水平高出 1.59%，在沿海省市中最高。高中及以上文化程度人口占 6 岁及以上人口的比重比全国平均水平低 34%，也在沿海省市中为最低。浙江省人力资源和社会保障厅（2010）发布的《浙江省部分市县人力资源市场供求状况分析》结果表明，浙江省就业需求的人口教育水平也以初中和高中为主，分别为 45.8% 和 23.3%，对大学和硕士以上的需求比重仅为 2% 和 0.4%。浙江省就业的职业技能需求也以无要求、初级技能和初级专业技术为主，比重分别为 66.5%、11.6% 和 9.72%，中高级技能和技术需求比重较低。浙江省人口较低程度的教育水平和其较高程度的城镇化水平不相符，主要表现为企业无高等级人才需要，也从侧面反映出浙江制造业生产工序简单、生产规模大、和农村手工业相结合的特点，因为这种产业不需要教育和技能水平太高的劳动力，劳动力也主要分布在农村，在城区的较少。

6. 城市和乡镇并行发展，集中城镇化和分散城镇化并存

浙江省是市场经济比较发达、市场环境完善的省份，城镇化的动力主要来自市场，较少受政策主导。通过以上特征可以初步发现浙江城镇化的特征：集中城镇化和分散城镇化并存。城镇化主要包括以下两方面。

第一方面是传统的大城市如杭州、宁波对人口的吸引力，劳动力主要从事固定职业，成为集中城镇化的主导，而其他城市规模和杭州、宁波差距较大，主要特征仍然为分散城镇化。

第二方面主要来自中小企业和农村劳动力依托乡镇和农村的市场经济活动，形成了分散城镇化。企业经营方式并不是严格的雇佣制，而是灵活而不稳定的散工制，并形成了生活在农村、就业在乡镇的特征。基于浙江省城镇化的总体特征可以判断，浙江省城镇化过程主要在农村完成，为分散城镇化，而不是集中城镇化，这也是可验证的结论。虽然浙江省城镇化率很高，但大量城镇化人口未进入城市，而是就业、居住在乡镇。因此，浙江省城镇化由乡镇工业在乡村地区引发了简单、分散、小规模的聚集效应，是完全市场自主的自下而上的模式。这种地域性的聚集效应也可称为块状经济。据中共浙江省委政研室课题组（2002）的调查研究认为，2001 年在浙江全省 88 个县市区中，有 85 个县市区形成了块状经济，年产值超亿元的区块 519 个，块状经济总产值 5993 亿元，吸纳就业人员 380 万人，约占当年全省工业总产值的 49%。这种块状经济也吸引了大量外来人口，据浙江省统计局（2013）调查研究结果，2001—2010 年，浙江省外来人口年均增长 12.4%，共计增长 813.5 万人。每个块状经济都生产一种主导产品，多以轻工业为主，如义乌小商品、诸暨袜业、嵊州领带、永康小五金、乐清低压电器、瑞安汽摩配件等。这些产业生产工序简单，生产规模大，且和农村手工业紧密结合，从而带动了农民的城镇化过程。每个块状经济都和当地的地情、民情结合，由不同的企业家引领，产业类型、规模和分工组织形式各异，因此各具特色，也造就了浙江省城镇化过程的多样类型。

7.1.2 城镇化集中度测度

1. 城镇化集中度测度方法

城镇化过程包括集中城镇化和分散城镇化，而人口城镇化率并不能完全反映城镇化的集中水平，因此引入城镇化集中度的指标，用来验证浙江省 2000 年前后城镇化过程的特征变化，也验证市场势力和城镇化率的相关性。城镇化集中度指标的测度公式为：

$$C=\frac{T}{U} \quad ①$$

式中，C 是城镇化集中度；T 是常住市区的非农人口；U 是市域所有非农人口。城镇化集中度的取值区间是（0，1）。当城镇化集中度高时，非农人口集聚在市区，说明企业也集聚在市区，空间市场势力集中，因此具有集中城镇化特征。当城镇化集中度低时，非农人口没有向市区集聚，而是分散在城市其他地区，说明企业分散在城市各个地区，而没有向市区集聚，空间市场势力分散，因此具有分散城镇化特征。当城镇化集中度高时，由于积累的空间市场势力较大，吸引了较多劳动力和服务业企业，城市发展水平也较高。当城镇化集中度低时，由于无法积累空间市场势力，因而也无法吸引较多的劳动力和服务业企业，城市发展水平也较低。对浙江省和各城市的城镇化集中度进行测度，测度年份为 1996—2013 年，反映了近 20 年来的变化。数据来源于《中国城市统计年鉴》所统计的各地级市人口数据，结果如图 7-4 ～图 7-9 所示。

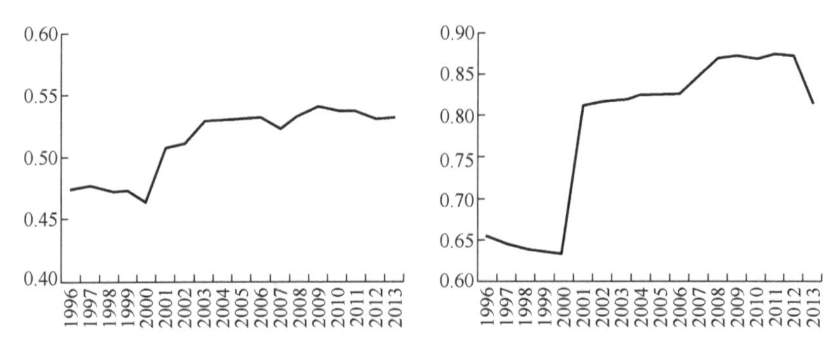

图 7-4 浙江省、杭州历年城镇化集中度（1996—2013 年）

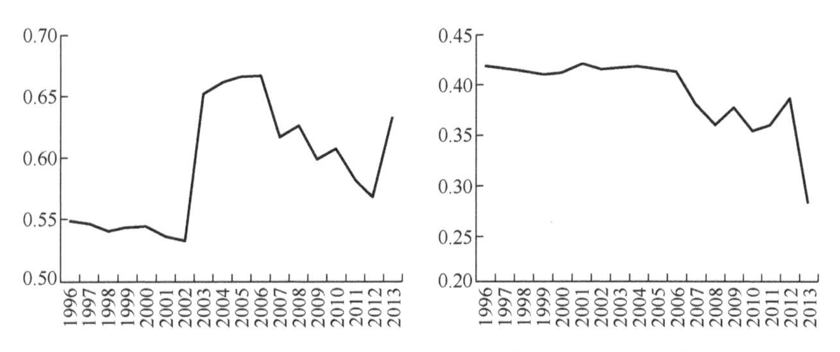

图 7-5　宁波、温州历年城镇化集中度（1996—2013 年）

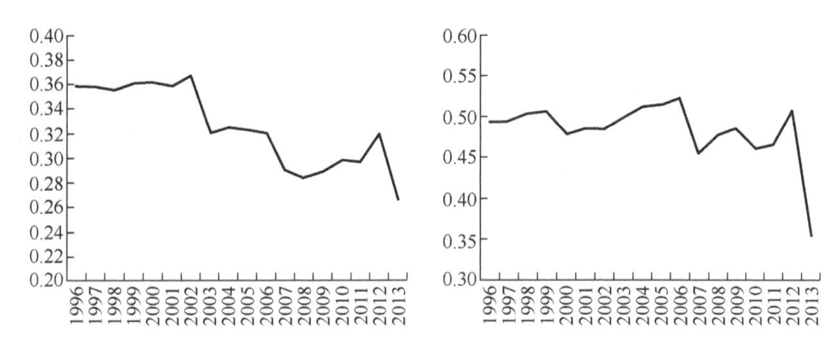

图 7-6　嘉兴、湖州历年城镇化集中度（1996—2013 年）

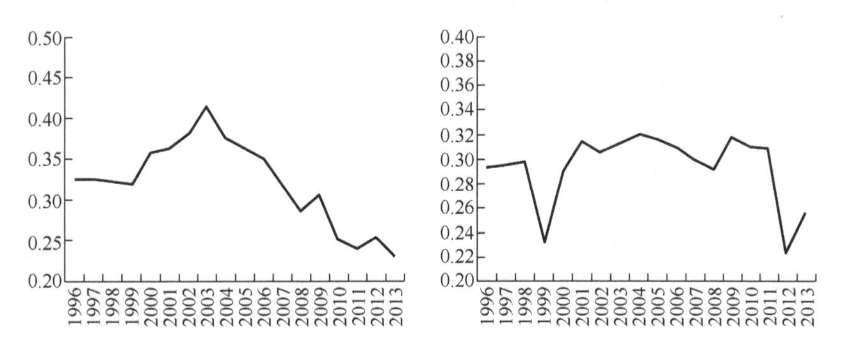

图 7-7　绍兴、金华历年城镇化集中度（1996—2013 年）

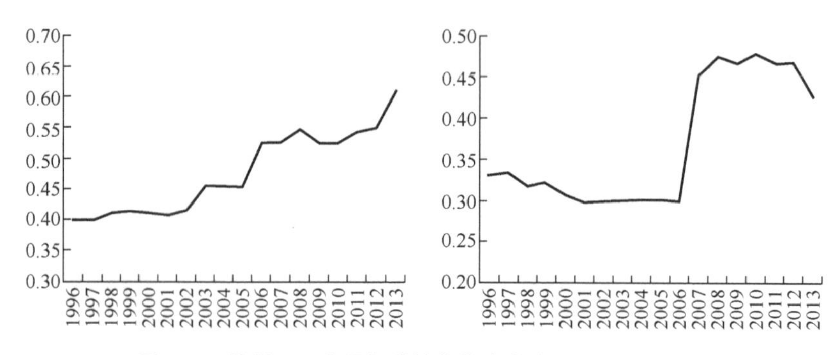

图 7-8　衢州、丽水历年城镇化集中度（1996—2013 年）

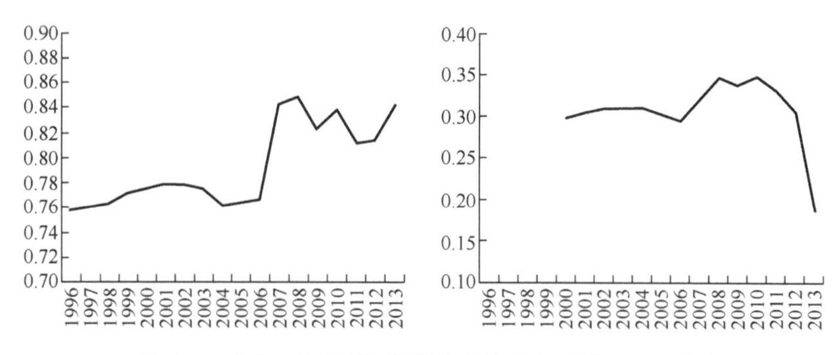

图 7-9　舟山、台州历年城镇化集中度（1996—2013 年）

2. 城镇化集中度测度结果分析

第一，除杭州、宁波、舟山外，全省和其他城市的城镇化集中度都低于 50%，即居住在农村的非农人口多于居住在城镇的非农人口，这说明杭州、宁波、舟山的集中城镇化特征明显，而全省和其他城市的分散城镇化特征明显。全省城镇化集中度在 50% 左右，由此说明浙江城镇化的总体特征仍为分散城镇化，将近一半的非农人口分布在非市区，这说明全省城镇化的特征为分散城镇化和集中城镇化并存，且以分散城镇化为主，集中城镇化主要表现为杭州、宁波这两个大城市，其他城市的非农人口仍然主要分布在乡镇地区。

第二，全省和各城市的城镇化集中度都大约在 2000 年以前保持平稳，而在 2000 年以后开始上升，然后出现波动，这和相关性测度的结果相一致，表明了先集中后分散的城镇化过程，以及集中城镇化和分散城镇化并存的特征，这与之前空间市场势力和城镇化率相关性结果相同，从而佐证了空间市场势力和城镇化率的相关性。

杭州、宁波作为全省中心城市和集中城镇化的主要城市，2000 年以后城镇化集中度大幅上升，和之前相关性结果相同。不同的是杭州的城镇化集中度一直小幅上升，而宁波在 2006 年后出现急剧下降并波动较大。这说明杭州的集中城镇化特征明显，和其产业转型后服务业就业岗位增加有关，因为服务业主要集中在市区。相比杭州，宁波对人口的吸引力略弱，因为宁波仍以制造业为主，服务业和杭州相比仍有差距，因此对非农人口的吸引力不如杭州。这一点也可以从之前杭州和宁波的相关性曲线对比中观察到，说明相关性曲线的描述较为准确。

而嘉兴的劳动力可以选择去上海或杭州务工，本地城市对劳动力吸引力较小。温州、台州的城镇化集中度一直呈下降趋势，分散城镇化特征明显，说明产业受市场波动较大，外来人口流动频繁，城市规模较小。绍兴、金华的城镇化集中度自 2000 年上升以后开始下降并波动，这和其乡村经济发达，劳动力多在乡村就业有关，体现了浙江制造业的块状经济特点。

7.2　城镇化过程的市场结构特征测度

7.2.1　全省产业和劳动力市场 *HHI* 测度

1. 模型测度结果

数据采用浙江省各城市的制造业产值、服务业销售额和城镇就业人口。测度年份为 1995 年、2000 年、2005 年、2010 年、2014 年，数据来源自《浙江省统计年鉴》。测度结果如表 7- 2 所示。

表 7-2　浙江制造业、服务业和劳动力市场 *HHI*

年份	制造业市场 *HHI*	服务业市场 *HHI*	劳动力市场 *HHI*
1995	0.120	0.180	0.110
2000	0.150	0.160	0.130
2005	0.150	0.278	0.126
2010	0.142	0.271	0.147
2014	0.135	0.243	0.141

数据来源：《浙江省统计年鉴》。

2. 测度结果分析

从总体结果来看，浙江制造业和劳动力市场 *HHI* 不高，这说明浙江制造业和劳动力整体的市场集中度不高，垄断性不强，呈垄断竞争的市场结构特征；空间市场势力在各城市分散分布，决定了浙江仍具有分散城镇化的特征，尤其是除杭州、宁波大城市外的其他地区，如市场份额较小的衢州、丽水等，这一点也映证了之前空间市场势力相关性测度的结论。尤其是劳动力市场的垄断竞争特征来自劳动力对企业的依附性不强，流动性较强，一定程度上也表明了劳动力兼业的特征。

浙江服务业市场 *HHI* 相对较高，垄断性较强，呈寡头的市场结构特征。说明服务业分布较为集中，主要位于杭州、宁波等大城市，其他城市较弱，这一点也和之前服务业空间市场势力测度的结论相同。

从历年结果来看，制造业在 2000 年以前的 *HHI* 较低，符合分散城镇化特征，之后逐渐升高，说明制造业在向杭州、宁波等城市集中，符合集中城镇化特征，2005 年以后又逐渐降低，符合全省分散城镇化和集中城镇化并存，以分散城镇化为主的特征。这也表明杭州、宁波等大城市的制造业在逐渐外溢，迁至其他城市。服务业在 2000 年以前的 *HHI* 较低，符合分散城镇化特征，之后逐渐升高，符合集中城镇化特征，2005 年以后又逐渐降低，符合全省分散城镇化和集中城镇化并存、以分散城镇化为主的特征。劳动力的 *HHI* 逐渐升高，说明劳动力有逐渐集中的趋势，目的地主要为环杭州湾城市群，也表明了集中城镇化的趋势。

7.2.2 全省产业和劳动力市场 CR_4 指数测度

1. 模型测度结果

测度年份为 1995 年、2000 年、2005 年、2010 年、2014 年，反映了近 20 年来的变化。数据来源自《浙江省统计年鉴》，结果如表 7–3 和图 7–10 所示。

表 7–3 浙江省制造业、服务业和劳动力市场 CR_4 指数

年份	制造业 CR_4	制造业前 4 位城市	服务业 CR_4	服务业前 4 位城市	劳动力 CR_4	劳动力前 4 位城市
1995	59.15%	杭州、宁波、绍兴、台州	72.76%	杭州、宁波、绍兴、嘉兴	55.24%	杭州、宁波、台州、温州

续表

年份	制造业 CR_4	制造业前 4 位城市	服务业 CR_4	服务业前 4 位城市	劳动力 CR_4	劳动力前 4 位城市
2000	70.53%	杭州、宁波、绍兴、温州	68.75%	杭州、宁波、温州、嘉兴	62.11%	杭州、宁波、温州、绍兴
2005	65.63%	杭州、宁波、绍兴、温州	81.07%	杭州、宁波、温州、嘉兴	70.93%	杭州、宁波、嘉兴、温州
2010	66.08%	杭州、宁波、嘉兴、绍兴	79.96%	杭州、宁波、温州、嘉兴	69.62%	杭州、宁波、嘉兴、温州
2014	66.10%	杭州、宁波、绍兴、嘉兴	78.04%	杭州、宁波、温州、绍兴	65.33%	杭州、宁波、嘉兴、绍兴

数据来源：《浙江省统计年鉴》。

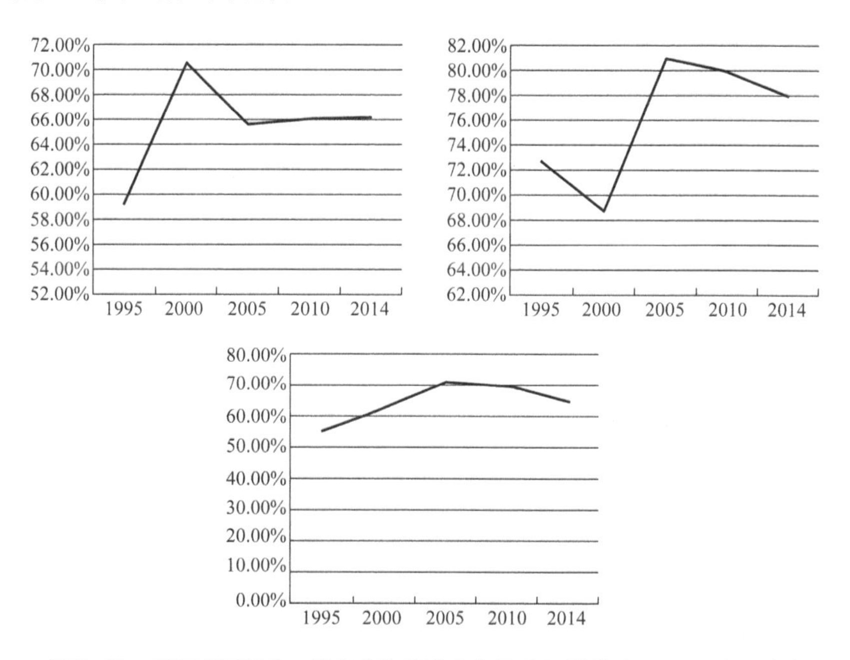

图 7-10　浙江省制造业、服务业和劳动力市场 CR_4 指数（1995—2014 年）

2. 测度结果分析

从总体结果来看，浙江制造业、服务业和劳动力市场的 CR_4 都很高，说明浙江制造业和劳动力市场结构的总体特征虽然为垄断竞争，但排名前列的城市和其他城市有较大差距。市场份额主要集中在杭州、宁波等环杭州湾城市群，说明这个地区对制造业、服务业和劳动力市场有垄断性。尤其是制造业的垄断性带动了服务业和劳动力的集中，因此服务业和劳动力的垄断性高于制造业，这也是制造业分工效应的体现。其中服务业的市场集中度约为80%，垄断性最强。该结果和城市首位度结果相同，解释了浙江各城市发展水平差异较大的原因，以及城镇化率北高南低的特征。以上结果也说明，产业和劳动力有向大城市集中的趋势，这和2000年以后出现的集中城镇化趋势是吻合的。

从历年结果来看，制造业 CR_4 指数2000年开始上升并于2005年开始下降，说明制造业有先集中后分散的趋势，与分散城镇化和集中城镇化并存的特征相符，也说明杭州、宁波等大城市的制造业在逐步外溢。服务业 CR_4 指数在2000年开始缓慢下降并于2005年大幅上升后稳步下降，劳动力 CR_4 指数先升后稳步下降说明服务业和劳动力有先集中后逐步扩散的趋势，这体现了杭州、宁波等大城市的服务业在外溢，也和城市外部不经济有关。劳动力 CR_4 指数一直保持上升并于2010年开始逐步下降，说明劳动力也有先集中后分散的趋势，与分散城镇化和集中城镇化并存的特征相符。

从排名前4位城市来看，制造业市场从2005年以前的杭州、宁波、绍兴、温州发展至2014年的杭州、宁波、绍兴、嘉兴，说明温州的制造业空间市场势力在下降，而环杭州湾城市群的制造业实力在进一步提升。服务业市场从2000年以前的杭州、宁波、温州、嘉兴到2014年的杭州、宁波、温州、绍兴，说明嘉兴受上海、杭州等大城市影响，服务业市场势力在下降，而绍兴作为浙中地区的城镇化中心，服务业实力逐步上升。劳动力市场从2005年的杭州、宁波、嘉兴、温州到2014年的杭州、宁波、嘉兴、绍兴，说明劳动力目的地从传统的温州向绍兴转变。历年制造业和服务业市场中，杭州始终是排名第1位的城市，宁波是排名第2位的城市，说明这两个城市是浙江城镇化的中心城市和次中心城市。

7.2.3 全省产业和劳动力市场份额的空间聚类测度

1. 空间聚类分析测度

数据采用浙江省各城市的制造业产值、服务业销售额和城镇就业人口。测度年份为1995年、2000年、2005年、2010年、2014年，数据来源自《浙江省统计年鉴》。测度结果如图7-11～图7-25所示。

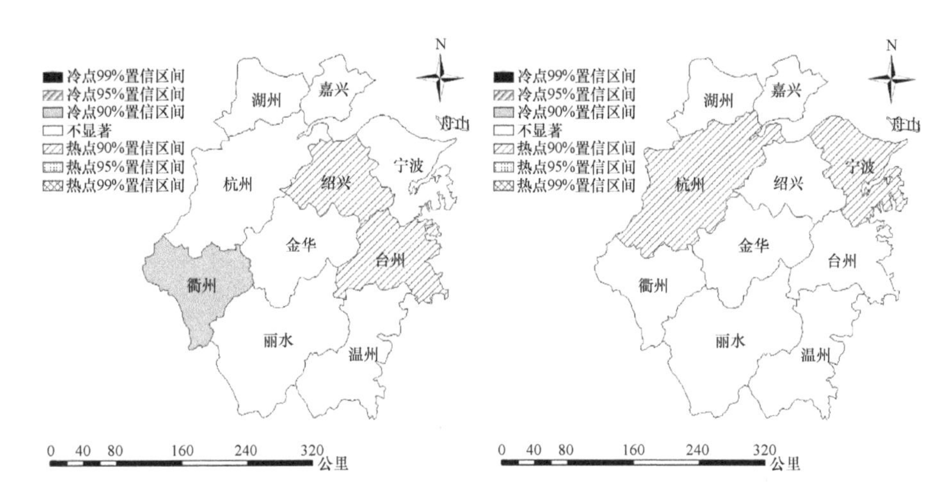

图 7-11　浙江省 1995 年制造业市场份额空间聚类

图 7-12　浙江省 2000 年制造业市场份额空间聚类

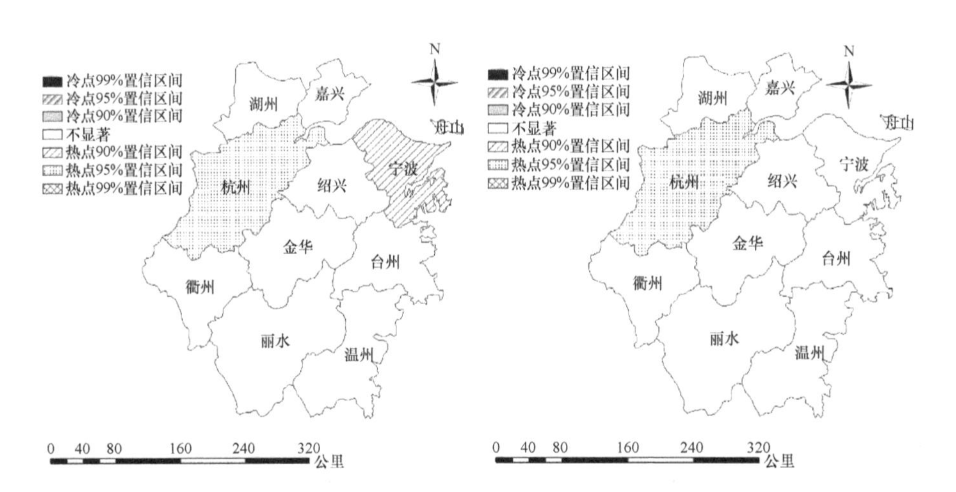

图 7-13　浙江省 2005 年制造业市场份额空间聚类

图 7-14　浙江省 2010 年制造业市场份额空间聚类

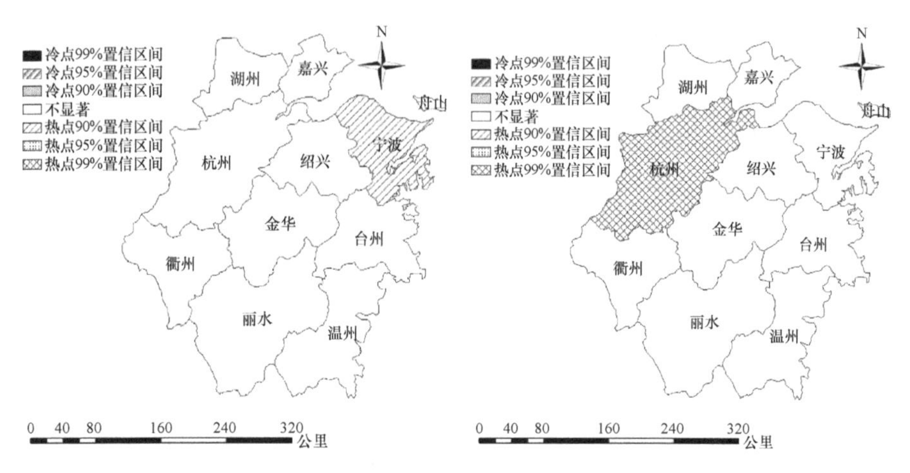

图 7-15 浙江省 2014 年制造业市场份额空间聚类

图 7-16 浙江省 1995 年服务业市场份额空间聚类

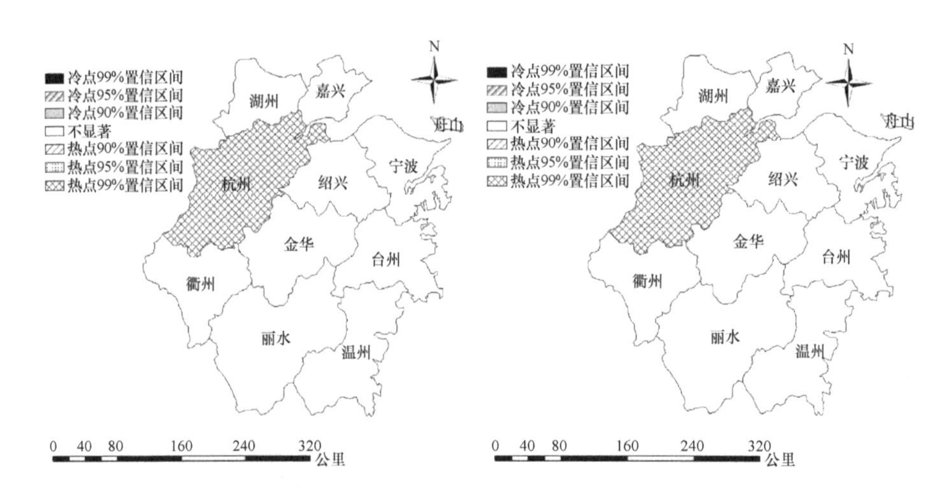

图 7-17 浙江省 2000 年服务业市场份额空间聚类

图 7-18 浙江省 2005 年服务业市场份额空间聚类

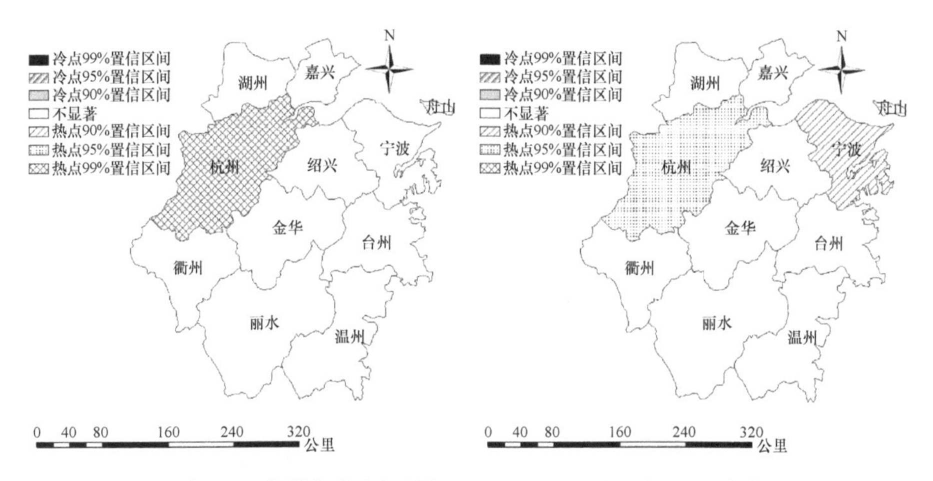

图 7-19　浙江省 2010 年服务业市场份额空间聚类

图 7-20　浙江省 2014 年服务业市场份额空间聚类

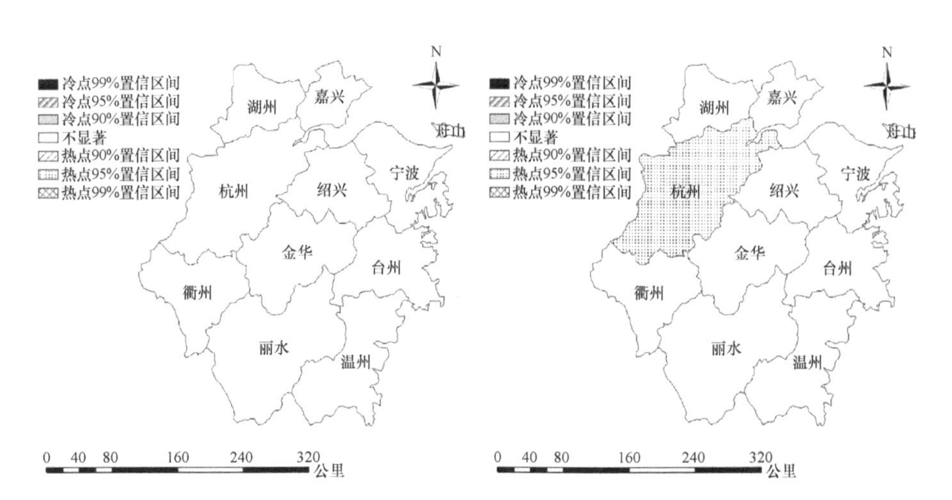

图 7-21　浙江省 1995 年劳动力市场份额空间聚类

图 7-22　浙江省 2000 年劳动力市场份额空间聚类

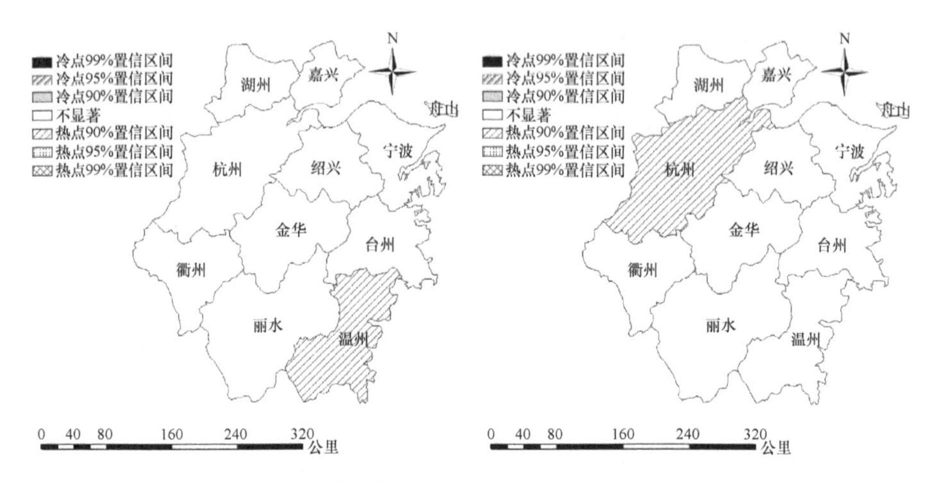

图 7-23　浙江省 2005 年劳动力市场份额空间聚类

图 7-24　浙江省 2010 年劳动力市场份额空间聚类

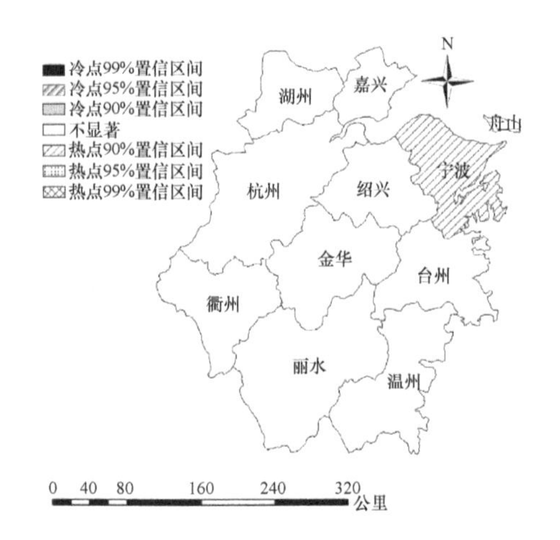

图 7-25　浙江省 2014 年劳动力市场份额空间聚类

2. 测度结果分析

从总体结果来看，浙江制造业、服务业和劳动力市场的空间集中度不显著，呈垄断竞争特征。主要的高值热点聚集区为杭州和宁波，说明这两个大城市的市场份额集中度较高，仍然是浙江城镇化的中心城市，产业和劳动力向这两个城市集聚。而其他区域仍然缺乏中心，市场份额分布较为分散。这一点也验证了分散城镇化的总体特征。

从历年结果来看，2000 年以前的高值热点聚集区在绍兴、台州，低值热点聚集区在衢州，说明当时制造业分布于乡村经济发达的绍兴、台州等地，而衢州制造业水平较低，分散城镇化特征明显。2000 年以后制造业开始向杭州、宁波集中，验证了 2000 年之后的集中城镇化趋势。之后高值热点聚集区从杭州、宁波到杭州再到宁波，说明杭州制造业在逐渐外迁，而宁波取代杭州成为新的制造业中心。

2010 年以前，服务业市场的高值热点聚集区一直都在杭州，之后从杭州到杭州、宁波，说明杭州的服务业一直在全省领先，也说明其他城市服务业发展均质，且和杭州差距较大，说明了垄断竞争的市场结构特征。从杭州到杭州、宁波也说明杭州存在外部经济，宁波服务业也有较好的发展态势。

劳动力市场在 1995 年以前没有高值热点聚集区，说明各城市劳动力分布很分散，劳动力市场结构为显著的垄断竞争，分散城镇化的特征很明显。2000 年劳动力开始向杭州聚集，验证了 2000 年之后的集中城镇化趋势。2005 年温州由于制造业发达，是劳动力集中区，2010 年劳动力集中地再度转移到杭州，2015 年转移到宁波，这和制造业的集中趋势相同，也说明浙江的劳动力仍然依附于制造业，并且有向大城市集中的趋势。

7.3　城镇化过程的市场行为特征测度

7.3.1　全省产业的 EG 外部经济指数测度

1. 模型测度结果

数据采用《浙江省统计年鉴》1995 年、2000 年、2005 年、2010 年、2014 年各城市按产业门类分的城镇就业人口。计算结果如表 7-4 所示。

表 7-4　浙江 EG 外部经济指数

年份	行业								
	制造业	电力煤气生产	建筑业	交通运输	金融业	商业	科技研发	教育	卫生
1995	−0.010	0.000	0.000	0.000	0.000	−0.001	0.000	0.000	0.000
2000	−0.014	0.000	−0.002	0.000	0.000	−0.001	0.000	−0.002	0.000
2005	−0.110	0.024	−0.064	−0.043	0.014	−0.021	−0.094	−0.002	0.007

续表

年份	行业								
	制造业	电力煤气生产	建筑业	交通运输	金融业	商业	科技研发	教育	卫生
2010	0.026	0.063	−0.009	−0.017	0.035	−0.049	−0.164	0.050	0.048
2014	0.027	0.062	−0.009	−0.020	0.025	−0.052	−0.207	0.036	0.036

2. 测度结果分析

从总体结果来看，浙江省各产业的EG值整体不高，表明发起分工的企业对于参与分工的劳动力的吸引力较弱，这和全省垄断竞争的总体市场结构有关。相比而言，本地产业的EG值都较高，如电力煤气生产、教育和卫生，而基本产业的EG值较低，说明从全省来看，本地产业的外部经济更强，因为对于除环杭州湾城市群外的城市而言，由于基本产业市场势力较弱，因而相比起来本地产业更能吸引劳动力。在基本产业中，制造业和金融业的EG值较高，外部经济较强，说明制造业仍然是吸引劳动力的主要的基本产业，而金融业主要源于浙江的民间金融较发达。生产服务业中的其他产业如交通运输、科技研发的外部经济指数偏低，说明这些产业发展水平低，还处于低端程度，无法吸引劳动力，验证了浙江缺乏高端产业、劳动力受教育水平较低的现状。

从历年结果来看，2000年以前各产业的EG值为负值或0，说明2000年以前各产业都缺乏外部经济，无法吸引劳动力，因此分散城镇化特征明显。2000年以后制造业的EG值逐年升高并为正值，说明制造业的外部经济在上升，各城市制造业开始吸引劳动力，开始出现集中城镇化特征。交通运输、科技研发的EG值逐渐降低，金融业的EG值在逐渐升高，和制造业的发展相匹配，说明制造业还停留在简单加工层面，仍然以薄利多销为特征，对交通物流要求不高，也没有和科技研发形成协作关系，而对于资本投资要求多。本地产业中，电力煤气生产、教育和卫生的EG值都逐渐升高，且增长较快，说明浙江大部分城市的本地产业对劳动力的吸引较强。建筑业的EG值先降低后升高，但仍为负值，说明建筑业未形成外部经济。商业的EG值持续降低，说明商业作为本地产业，外部经济的效应较弱且越来越弱，商业的集中地仍然在杭州、宁波等大城市。总体来看，本地产业的外部经济高于基本产业，也说明各城市的基本产业对劳动力的吸引不足，因此分散城镇化的特征仍然显著，验证了全省“分散城镇化和集中城镇化并存，以分散城镇化为主”的特征。

7.3.2　各城市人口流动的空间聚类测度

1. 空间聚类结果

利用全省各城市的客运量和净流入人口进行空间聚类分析，测度年份为 1995 年、2000 年、2005 年、2010 年、2014 年，数据来源自《浙江省统计年鉴》和各城市统计年鉴。结果如图 7-26 ～图 7-35 所示。

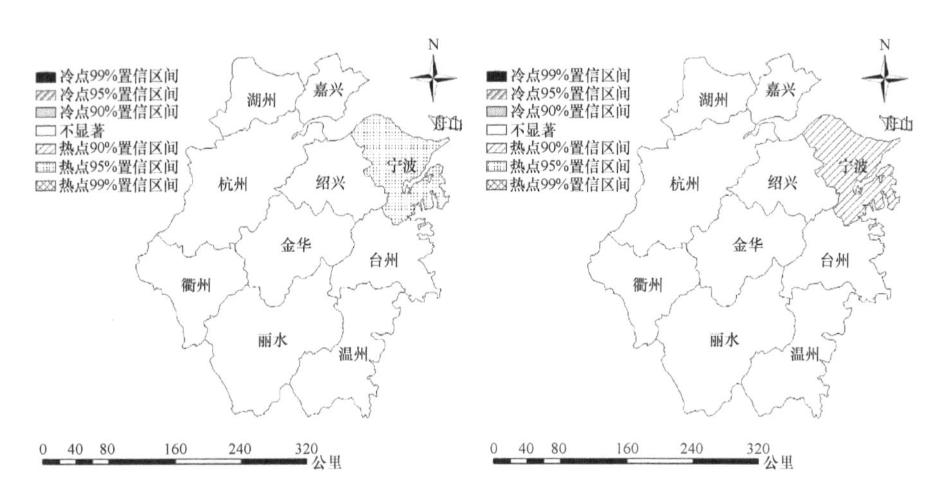

图 7-26　浙江省 1995 年各市客运量空间聚类

图 7-27　浙江省 2000 年各市客运量空间聚类

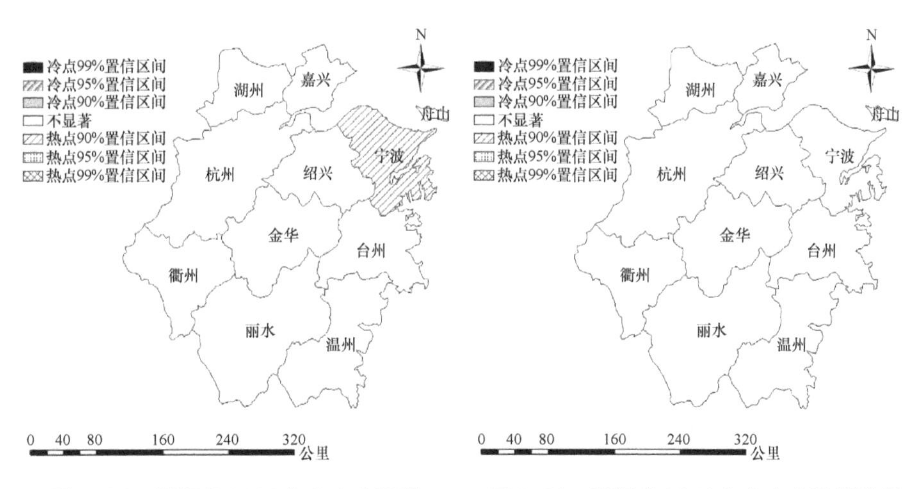

图 7-28　浙江省 2005 年各市客运量空间聚类

图 7-29　浙江省 2010 年各市客运量份额空间聚类

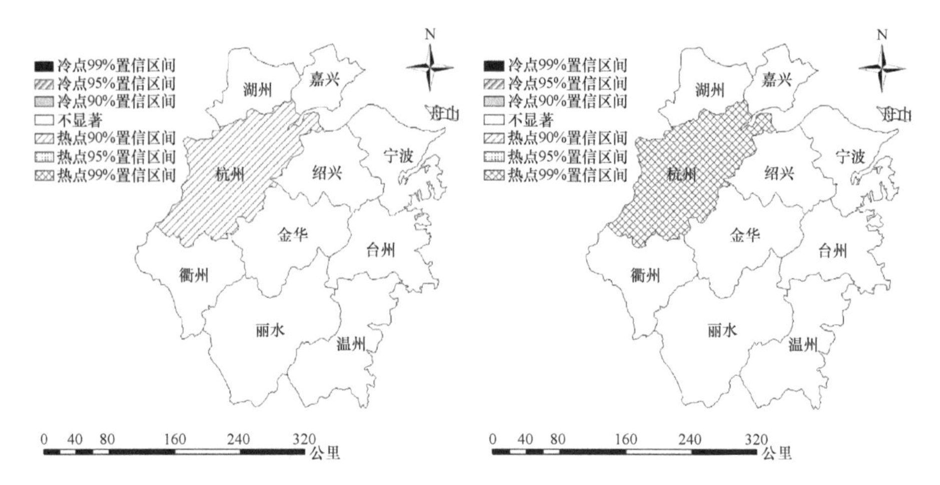

图 7-30 浙江省 2014 年各市客运量空间聚类

图 7-31 浙江省 1995 年各市净流入人口空间聚类

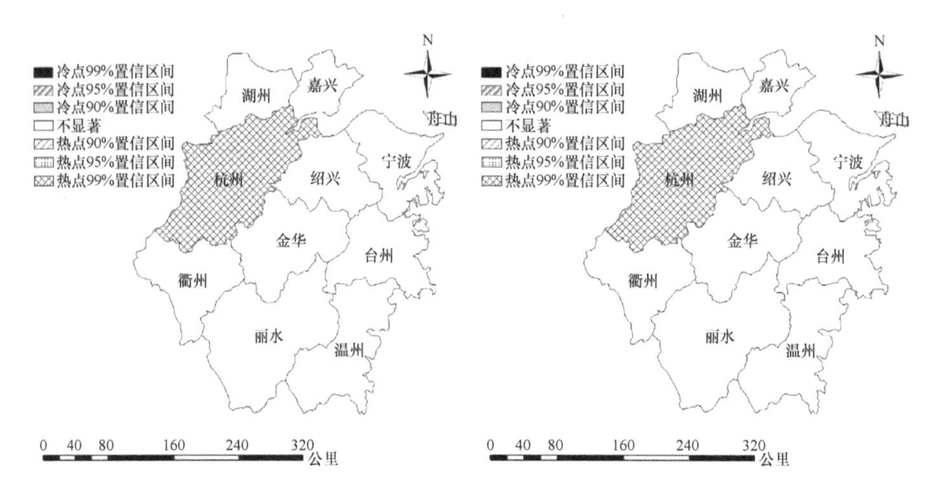

图 7-32 浙江省 2000 年各市净流入人口空间聚类

图 7-33 浙江省 2005 年各市净流入人口空间聚类

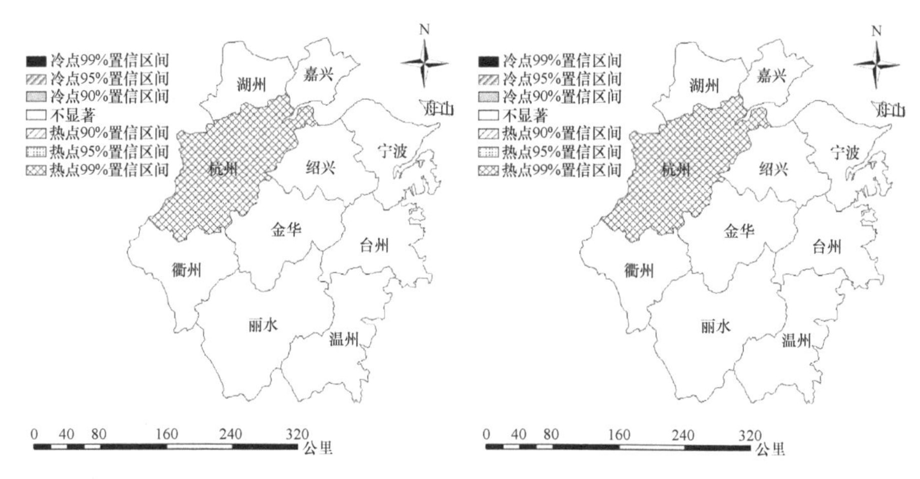

图 7–34　浙江省 2010 年各市净流入人口空间聚类

图 7–35　浙江省 2014 年各市净流入人口空间聚类

2. 测度结果分析

从总体结果来看，浙江省人口流动的空间集中性不显著。主要的高值热点聚集区为杭州和宁波，说明这两个大城市仍然是浙江城镇化的中心城市，吸引了人口流动，而其他区域仍然缺乏中心，人口难以集中。这一点也验证了以分散城镇化为主的总体特征。

从历年结果来看，净流入人口的高值热点聚集区始终为杭州，而缺乏其他中心。客运量的高值热点聚集区在 2005 年以前一直都在宁波，和宁波的海运优势有关。2010 年没有高值热点聚集区，说明人口流动缺乏集中趋势，和人口分散及各城市交通水平提高有关。2010 年后高值热点聚集区从宁波到杭州，说明宁波的客运优势日趋下降，而杭州的客运优势日趋上升，这和杭州作为全省交通枢纽有关，也说明人口在向杭州集中。由此可见，杭州仍然是吸引人口的主要中心城市，其他城市和杭州相比有较大差距。其他城市人口流动的均质性也验证了全省制造业、服务业和劳动力市场垄断竞争的特征，因为人口都分散在各地就业，流动意愿不强。

7.4 城镇化过程的市场绩效特征测度

7.4.1 各城市产业净收益率测度

1. 产业净收益率测度结果

结合浙江省各城市的产业特征，选取了建材、石化、化工、通信 4 个产业门类计算产业净收益率。其中建材、石化是资源和劳动力密集的产业，化工是技术和劳动力密集的产业，通信是技术密集的产业。以此也可以考察浙江省各城市的产业发展和转型特征。数据来源于浙江省和各市统计年鉴，提取了 2005 年、2010 年、2014 年的全省和各市指标数据。金华由于缺乏相关指标数据，因此未列其中。同时列出国家发改委和住建部联名发布的《建设项目经济评价方法与参数》（第三版）中建材、石化、化工、通信产业门类的税后基准收益率作为标准值。计算结果如表 7–5 所示。

表 7–5　各城市分行业历年产业净收益率　　单位：%

城市	不同行业历年产业净收益率											
	建材（标准：13）			石化（标准：15）			化工（标准：12）			通信（标准：8）		
	年份			年份			年份			年份		
	2005	2010	2014	2005	2010	2014	2005	2010	2014	2005	2010	2014
杭州	9.8	10.2	15.4	0.8	26.9	19.5	18.8	19.3	22.1	14.0	18.8	24.1
宁波	13.9	13.1	18.0	33.5	36.8	14.7	19.3	21.0	8.3	7.5	6.2	12.4
嘉兴	19.7	10.0	11.3	62.1	43.4	20.1	12.5	18.9	6.5	11.5	4.8	14.4
湖州	15.3	11.2	15.8	4.6	15.2	30.3	22.8	17.1	17.9	16.9	12.2	13.2
绍兴	20.0	9.1	17.6	23.5	15.0	−0.7	29.5	19.1	19.5	5.5	11.4	10.0
舟山	13.5	10.0	7.7	9.1	0.1	−2.4	5.5	50.6	32.0	−0.6	10.5	4.2
温州	1.8	9.1	15.4	18.7	13.2	2.8	20.9	13.6	13.6	16.7	8.0	10.0
衢州	16.9	7.8	17.7	29.5	4.0	15.7	0.3	4.2	5.9	17.1	20.3	23.9
台州	15.3	9.2	18.3	48.6	6.7	5.2	17.6	22.0	21.2	16.8	14.6	4.4
丽水	11.8	13.4	23.5	7.4	37.7	48.9	21.0	15.9	14.7	7.9	23.5	9.8

数据来源：浙江省和各市统计年鉴。

2. 测度结果分析

从全省范围来看，建材、石化、化工收益率逐年降低，其中建材和石化收益率低于标准值，化工收益率接近标准值，而通信收益率逐年升高，说明浙江省的产业处于转型期，开始从资源密集型向技术密集型转型，但劳动力密集特征仍然存在。制造业收益率的降低说明其空间市场势力也在减弱，因而对劳动力的吸引力也减弱，验证了 2000 年后先集中后分散的城镇化过程特征。

从杭州来看，建材、化工、通信收益率逐渐升高并突破标准值，石化先升后降并突破标准值，说明杭州的产业发展较为全面，具有较高的市场绩效，表明杭州作为浙江城镇化中心能够持续吸引多样性的外来人口，并稳步地向技术密集型产业转型。

从宁波来看，建材、通信收益率逐渐升高并突破标准值，石化、化工收益率逐渐下降并低于标准值，说明宁波的产业发展处于转型期，一方面石化、化工虽然在宁波属于优势产业，但为了适应市场变动的需要而在逐渐转型；另一方面建材作为基础产业仍然保持稳定发展，通信作为新兴产业处于上升发展阶段。宁波作为浙江第二大城市，单一的制造业已经无法满足其产业发展需求，多元的产业结构保证了对劳动力的吸引。

从嘉兴来看，建材、化工收益率逐渐下降并跌破标准值，石化收益率逐渐下降但仍高于标准值，通信收益率逐渐上升并超过标准值，说明嘉兴产业处于转型期，除优势产业石化以外，制造业逐渐减少，而新兴产业通信处于上升期。从湖州来看，建材保持了较高的收益率，石化收益率迅速增长并高于标准值，化工收益率虽然下降也高于标准值，通信虽然下降但也高于标准值，说明湖州的产业发展处于上升期，且产业多样性的特征明显。以上特征表明嘉兴和湖州两地接受了杭州的产业转移，因此其产业特征和杭州很相似。

从绍兴来看，建材收益率先降后升且高于标准值，石化收益率逐年下降并跌破标准值，化工收益率逐年下降但高于标准值，通信收益率逐年上升并高于标准值。由此可见绍兴的产业仍然集中在劳动力密集产业，且产业波动明显。曾经的优势产业石化逐渐衰退，建材和化工虽然仍处于优势地位但也有衰退之势。通信收益率虽然上升但无法和环杭州湾城市群相比。因而绍兴仍然立足于劳动力密集的制造业，且产业波动明显，属于转型期。绍兴虽然依靠制造业能够吸引外来人口，但产业波动使外来人口的行为不稳定，也决定了其分散城镇化的特征。

从温州来看，各行业收益率表现不一，建材收益率逐渐上升并超过标准值，石化收益率逐渐下降并远低于标准值，化工收益率逐渐下降并逼近标准值，通信收益率逐渐下降但仍高于标准值，表明温州受市场波动影响，石化、化工等传统优势产业逐渐衰退，而传统的资源和劳动力密集的建材却开始上升，技术密集的通信虽然有发展但不能和杭州相比。由此可见温州仍处于产业转型期，但转型目标不明确，仍然定位于资源和劳动力密集的低端产业，无法迈入高端产业。低端产业受市场波动影响较大，因而温州的外来人口虽然规模大，但不稳定，无法在温州定居，也决定了其分散城镇化的特征。

从台州来看，建材收益率先降后升并超过标准值，石化收益率快速下降并跌破标准值，化工收益率稳步上升并高于标准值，通信收益率下降并低于标准值，表明台州产业同样处于转型期，并受市场波动影响明显，尤其是石化。而通信发展不佳，表明台州在高科技产业上没有良好表现，仍然在劳动密集型产业之间摆动，转型方向并不明确。产业之间的摆动也使外来人口流动频繁，决定了其分散城镇化的特征。

从衢州来看，建材收益率先降后升并超过标准值，石化收益率下降但仍高于标准值，化工收益率虽然上升但仍然较低并远低于标准值，通信收益率上升并高于标准值。这说明衢州产业发展处于上升期，尤其是建材和通信这两种基础产业和新兴产业能够同时发展，但化工产业投入较大利润却较低，成为产业发展的掣肘。这种优势和劣势都很鲜明的产业结构成为衢州产业发展的主要特征。

从丽水来看，其产业发展特征和衢州类似，建材收益率持续上升并超过标准值，石化收益率快速上升并超过标准值，化工收益率持续下降但仍高于标准值，通信收益率先升后降并高于标准值。这说明丽水产业发展处于上升期，尤其是建材和石化这两种资源和劳动力密集型产业发展迅速，但化工产业投入较大，收益率却在下降，成为产业发展的掣肘。这种优势和劣势都很鲜明的产业结构成为丽水产业发展的主要特征。以上特征使衢州、丽水两市处于城镇化初期，分散城镇化特征仍很显著。

从舟山来看，建材收益率持续下降并跌破标准值，化工和石化收益率上升快速并远超标准值，通信收益率上升但未超标准值，说明舟山产业结构不均衡，只有少数如化工和未列入的渔业为优势产业，而其他产业发展不足。舟山的这种产业结构在一段时期内没有变化，符合海岛城市的产业独特性，因此可认为舟山处于产业发展的平稳期。平稳而不均衡的产业结构也使得舟山城镇化过程相对稳定，人口流动特征不明显。

7.4.2 劳动力收益率测度

1. 劳动力收益率测度结果

数据来源为中国综合社会调查数据库 2013 年版（CGSS2013）。结果范围包括全国、浙江省、浙江城市、浙江乡村 4 个维度，其中城市就业人口指在城市就业的人口，乡村就业人口指在乡村就业的人口。统计计算结果如表 7–6 和表 7–7 所示，所有回归结果皆通过拟合度 sig 值和 R^2 的统计误差校验。

表 7–6　浙江省劳动力样本均值

变量	全国人口	浙江省人口	浙江城市就业人口	浙江乡村就业人口
样本数 / 人	11438	494	371	123
城乡就业人口比重	61：39	75：25	—	—
平均年龄 / 岁	47.8	53	51.2	47.5
平均受教育年限 / 年	8.5	8.9	12	5
平均就业年限 / 年	6	9.6	9.1	11
平均工资水平 /（元/年）	16567.7	26458	26465	26770

数据来源：中国综合社会调查数据库 2013 年版（CGSS2013）。

表 7–7　浙江省劳动力明瑟收益率回归统计结果

自变量	全国系数	浙江系数	浙江城市就业人口系数	浙江乡村就业人口系数
教育收益率（b）	0.028	0.057	0.003	−0.090
工龄收益率（c）	0.006	0.013	0.168	0.122
工龄^2（d）	−0.001	0.000	−0.002	−0.001
截距（a）	9.653	9.873	0.562	1.157
拟合度 R^2	0.211	0.319	0.941	0.952

数据来源：中国综合社会调查数据库 2013 年版（CGSS2013）。

2. 测度结果分析

首先，该问卷调查的抽样人口偏重城市就业人口，城乡就业人口比重为 61：39，浙江省的城乡就业人口比重更高，达到 75：25，说明二者结果更能反映城市就业人口的就业特征。从回归结果来看，教育收益率高于工龄收益率，即符合城市就业人口的就业特征，但拟合度并不高。浙江的城乡收益率均高于全国水平，说明浙江在劳动力市场仍有优势，是劳动力的迁入地。

如果进一步缩小范围，把人口划分为城市和乡村两部分，则结果更为精确，拟合度 R^2 也更高。在平均工资水平上，浙江乡村就业人口不仅远高于全国水平，也高于浙江城市水平，这也是浙江吸引外来劳动力的原因。在平均年龄上，浙江省乡村就业人口不仅低于全国平均水平，也远低于浙江全省和城市的平均水平，说明在浙江乡村就业的人口较为年轻。以上两点说明乡村是浙江省的劳动力选择就业的主要目的地。

回归结果显示，浙江省无论城市就业人口还是乡村就业人口，教育收益率均远远低于工龄收益率，而且在乡村就业人口中，教育收益率为负值，说明教育水平越高，收益率越低。因此教育水平并未在就业中获得优势，而工龄在就业中更受重视。尤其是浙江省乡村就业人口的受教育年限远低于全国水平，而就业年限远高于全国水平，其中受教育年限仅为5年，说明劳动力仅接受了小学水平的教育。在收益率方面，浙江省乡村就业人口的教育收益率远低于全国水平，而工龄收益率却远高于全国水平。其原因在于浙江省的产业尤其是制造业仍然以低层次、大规模的简单加工业为主，产品也以简单、普及型为主，技术含量不高，而对于操作熟练度要求很高，因此工龄比受教育水平更受青睐。

由此可见，浙江省作为中国劳动力主要流入地和城镇化水平、经济水平较高的省份，流入的外来劳动力主要为低教育水平的农村人口，其目的是去企业打工，从事简单加工业，就业目的地也主要为乡村地区，而非城市，这和浙江省块状经济背景下乡镇企业的发展相一致，验证了城镇化人口受教育水平不高，高质量人口缺乏以及分散城镇化的特征。城市功能的升级和扩展有赖于城市人口教育水平的提高，也即农民的市民化过程，如赖德胜（1998，2012）认为农村劳动力进入城市就业居住的基本条件是受过中专以上水平的教育，而企业一般不会为农民工提高教育水平进行培训，罗恩立（2012）认为农民工的就业能力对其融入城市有显著性影响，而教育水平是微观就业能力的重要组成。因此浙江省城市发展的规模和水平滞后，也是浙江省所特有的城市劳动力市场绩效低、农村劳动力市场绩效高所造成的结果，也体现了分散城镇化特征。

7.5 浙江省相关规划对分散城镇化的响应

7.5.1 浙江省城镇体系规划

对2010年世博会以来浙江省的城镇化相关规划对分散城镇化的特征响应进行研究。《浙江省城镇体系规划（2011—2020）》是浙江省对城镇化过程，城镇协调发展，产业、空间和资源布局的顶层规划。该规划充分尊重了浙江在市场引导下的城镇化过程多样性特征，具体的响应要点包括以下几条。

1. 尊重浙江各地区城镇化过程的多样性

该规划提出“构筑市场经济条件下的城乡开放发展空间，走功能提升发展道路，促进城市特色发展、创新发展，实施差异化发展政策”，肯定了市场经济对城镇化过程的影响，并强调了特色发展、差异化发展策略，实际上承认并尊重了浙江各地区城镇化过程的多样性特征，而不是走单一城镇化的道路。

2. 以网络型城市群作为推进城镇化的主体形态

该规划提出“以网络型城市群作为推进城镇化的主体形态，分类分区指导城镇土地协调发展和城乡统筹发展”，正是对浙江省整体呈现分散城镇化特征的呼应。分散城镇化使全省缺乏除了杭州、宁波以外的大城市，中小城市数量较多且和大城市差距较大，难以成为中心城市，且受到小城镇的竞争，而且劳动力并不倾向于去城市就业，因此单中心的城镇化道路并不适合浙江省。

相比而言，城市群更适合于浙江省，因为城市群并不强调某一个城市，更强调城市群中各城市、镇和农村地区的联动发展，所以城市规模并不是城市群所追求的目标，各城市不同功能的分工配合更适合于城市群发展。基于此，该规划提出了“三群四区”的城市空间布局策略。“三群”为环杭州湾城市群、温台沿海城市群和浙中城市群，是组织省域城镇土地发展的主体形态。“四区”为杭州、宁波、温州及金华—义乌四个都市区。其中环杭州湾城市群是集中城镇化特征显著的地区，和之前的测度结果呼应。规划将其定位为城镇密集地区，即人口进一步集聚的地区。温台沿海城市群和浙中城市群则是分散城镇化特征显著的地区，规划也将其定位为城镇点状发展地区，即人口和产业点状集中发展地区，因而采取了和环杭州湾城市群差异化的发展策略，在尊重分散城镇化特征的基础上推动人口向县域城市或重点镇有限度的集聚。

3. 产业结构调整从低端转向高端

浙江的分散城镇化特征来源于低端制造业的粗放发展方式，由于企业对劳动力、土地、技术的需求较低，在乡村地区也可完成生产，因此企业和劳动力为了降低成本而选择就近建厂，不进入城市。因此为了转变这种局面，规划对产业发展提出以下要求：“立足优化产业结构推动城市发展，促使经济增长从主要依靠制造业带动向制造业服务业协同带动转变。立足增强自主创新能力推动城市发展，促进经济增长从主要依靠资金和物质要素投入带动向主要依靠科技进步和人力资本带动转变。”从该表述不难看出，这种产业转型路径基本来自杭州的产业发展样本典范，即从二产到三产、从加工到创新、从人力和资本导向到技术导向，以及对劳动力素质的提升。由于杭州是集中城镇化特征显著的城市，对产业结构的调整也是希望进一步扭转浙江省分散城镇化的局面，推动集中城镇化的实现，让人口向城市集聚。

4. 尊重自下而上动力，城乡统筹协调发展

浙江省分散城镇化特征主要来自乡村地区块状经济所带来的自下而上动力，镇和村对城镇化的作用不可忽视，这也是浙江的主要省情。基于此，浙江城镇化不能走单一城镇化的道路，即只发展城市不发展乡村，而应城乡统筹协调发展，并逐步引导劳动力进入城市。这是尊重既有现实的一种渐进式发展策略，建立在对分散城镇化特征的充分认识之上。因此规划提出“走城乡统筹发展的新型城市化道路，促进城镇发展和新农村建设与社会经济发展相协调，建设社会主义新农村，实现公共服务均等化”，进一步消除城乡差距。

基于分散城镇化特征和浙江省强镇经济的现状，浙江省城镇化的着眼点除了在中小城市以外，还在于发展水平较高的强镇。强镇作为城市和农村沟通协调的节点，实现了有限度的空间集聚，既是乡镇经济的主要生产地，也是农村劳动力的主要生活地。因此培育强镇向小城市发展也是浙江省城镇化的重点。规划提出“突出浙江走新型城镇化道路和新农村建设的国家先行示范作用，充分发挥自下而上各级行政单元发展的积极性，遵循市场规律进行政府引导，由‘强县扩权’向‘强镇扩权’延伸”，以及“依托中心城市，以重点镇、一般镇、中心村为主体，构建网络化、共享型、覆盖农村的城乡网络服务体系”，正是出于这种考量。

另外，由于强镇的成功离不开块状经济的依托，而块状经济的形成和当地的企业、环境、人口、区位等因素都直接相关，因此每个强镇的城镇化过程都各有特色。基于此，规划提出“加快培育镇的综合服务职能，促进镇的多样化、特色化发展”，也是对这种镇情的支持，摆脱了单一城镇化思路下“千镇一面”的传统做法，而向“特色小城镇”的个性化道路迈进。

5. 用地规模的城乡均衡

基于浙江省分散城镇化特征，而且该特征短期内无法转变的局面，浙江省并没有强制性地把发展中心向城市倾斜，而是做到城、镇、村的适度均衡发展。体现在用地规模上，规划提出“到 2020 年城镇建设用地为 4200 ～ 4300 平方

公里左右，农村建设用地为 3300 ～ 3400 平方公里左右”，城乡建设用地比例为 1.27 : 1，而 2005 年城镇建设用地 3465 平方公里，农村建设用地 3518 平方公里，城乡建设用地比例为 1 : 1.02；根据浙江省第三次全国国土调查数据，浙江省 2020 年城镇建设用地 5226 平方公里，农村建设用地 5783 平方公里，城乡建设用地比例为 1 : 1.1。可见不仅城乡建设用地基本持平，而且没有出现城镇多而农村少、以农村补城镇的用地结构，反而农村建设用地大于城镇建设用地。可见在土地城镇化上，规划也并没有提出加快农村建设用地转为城镇建设用地、促进农民进城的单一城镇化的传统道路，这也是对浙江省分散城镇化特征的响应。

7.5.2　浙江省都市区规划

都市区是集中城镇化和分散城镇化相组合的城镇空间形态，使两种城镇化过程类型能够互相补充和协调，是一种现实的城镇化发展策略。因此《浙江省城镇体系规划》确定都市区为浙江省城市发展战略，包括杭州、宁波、温州和金华—义乌 4 个都市区，既可以弥补浙江省分散城镇化特征的不足，推进建立大城市，又可以为集中城镇化的趋势提供发展基础，是一种尊重浙江省城镇化现实的有效策略。以《杭州都市区规划纲要 2014—2030》为例，规划前提是杭州是浙江省最大的中心城市，有明显的集中城镇化特征，因此带动周边中小城市是首要目的，形成一个中心城市、若干中小城市的空间结构，继而可以部分改变浙江省分散城镇化的现状。因此杭州都市区范围包括杭州市域、安吉县域、德清县域、桐乡市域、海宁市域及绍兴市部分区域，涉及杭州、湖州、嘉兴、绍兴四个城市。由此可见，规划范围并不限于杭州市域范围，而囊括了周边其他城市的部分区域，是对首要目的的一种呼应，从而使得杭州的外部经济效应能够扩展到周边城市。

规划的重点内容是加快杭州的制造业向周边城市转移，从而提高周边城市制造业的空间市场势力。《杭州都市区规划纲要 2014—2030》提出“将杭州发展成为生活品质和文化创意之城，强化省域文化中心功能，发展高新技术产业和先进制造业，杭州都市区总人口和城镇人口将保持快速增长态势，是浙江省吸纳城镇人口的主要地区”，可见制造业并不是杭州都市区的首要定位，因为规划策略是加快杭州的制造业向周边转移，而杭州以高端产业为主。规划还提出“产业共兴、边界共融、交通共网、设施共建、社会共享等策略”，以及“明确各城市在都市区中的地位与资源优势，合理分工、功能互补、错位发展，极核城市依托周边资源，不断增强集聚和辐射能力；周边地区主动承接极核城市辐射，借梯登高、借船出海、借势发展特色产业”，充分强调了杭州产业发展的高端性和对其他城市的带动性。为了加快杭州的产业转移，规划提出“构建都市区产业转移引导机制，努力营造公平合理、平等互利、统一规范的市场环境，完善区域产业转移优惠政策，简化合作项目审批程序，依托相关产业引导，搭建地区产业转移的通道”，从而在政策机制上保证杭州的制造业能够顺利转移到周边城市。从之前的测度结果可知，杭州的产业结构从低端产业向高端产业转型，包括高技术产业和服务业，以吸引高素质人口，而低端产业逐渐向周边城市转移，从而提高周边城市制造业企业的空间市场势力，加快周边城市集中城镇化的过程。可见规划和浙江省城镇化过程特征基本呼应。

规划还重视公共服务的共享，指出“建立公共服务互惠机制，推进都市区公益设施的相互开放和共建共享”，包括医疗、文化、体育和基础设施资源由杭州向周边城市扩张，从而提高周边城市的服务水平，缩小周边城市和杭州的差距，这也和分散城镇化的特征相呼应，因为只有提高了服务水平，才能从真正意义上完成城镇化过程。

规划还对绍兴提出发展要求，指出其为杭州都市区的副极核城市，“建设以古越文化、水乡古镇为特色的国际文化旅游城市、国际纺织业中心、长三角先进制造业基地、特色农副产品供应基地，积极发展生产性服务业”。从该定位也可知，规划在于转变绍兴以低端制造业为主、分散城镇化特征显著的现状，着力发展旅游业和先进制造业，并加速纺织业的提档升级和集聚，从而形成企业空间市场势力集中的局面，加快集中城镇化过程，以改变测度结果所体现的分散城镇化特征。

第 8 章　空间市场势力影响城镇化的案例研究——浙江省特色小城镇

8.1　特色小城镇在城镇化过程中的作用

8.1.1　特色小城镇的内涵

《国家发改委关于加快美丽特色小城镇建设的指导意见》（发改规划〔2016〕2125 号）将特色小城镇定义为：特色小城镇是指以传统行政区划为单元，特色产业鲜明、具有一定人口和经济规模的建制镇。由此可见，特色小城镇是完全由市场主导和产业推动，并具有较强城市功能的城镇用地形态，相比于建制镇和集镇，特色小城镇已成为城镇化过程的稳定载体。

特色小城镇的城镇化动力仍然来自垄断企业拥有空间市场势力并集聚后扩大规模的需求所建立的分工关系，继而吸引了劳动力和服务业企业，引起了集中城镇化过程。特色小城镇数量多、分布广，人口集聚，在空间上形成网络化的组团结构，而非单一城市吸引人口集聚所形成的单中心结构，因此特色小城镇的城镇化过程相比城市的城镇化过程，更有利于克服城市规模扩张所形成的外部不经济效应。由于每个特色小城镇都有自己特色的产业，以及由此形成的产业链，因此特色小城镇的城镇化过程具有较强的多样性。

8.1.2　特色小城镇对浙江省城镇化的作用

特色小城镇缘起于浙江省，在浙江省城镇化进程中是非常有代表性的空间载体，原因在于浙江省的分散城镇化特征使得各城市缺乏制造业和服务业空间市场势力，无法提供较多的就业岗位和公共服务资源，对人口和企业的吸引力较弱，而发达的乡村经济又和城市普遍缺乏联系。分散城镇化带来资源利用率不高、生产效率低下、土地利用不集约、劳动力素质不高等问题。要想改变这种局面，推动分散城镇化向集中城镇化转型，通过政策驱使农村的企业和劳动力进城并不是切实可行的城镇化过程，且短期内无法实现。而以特色小城镇为节点推动集中城镇化，不仅方便农民实现就近城镇化，符合农民普遍兼业的特征，而且可以通过特色小城镇建立城市和农村联系的渠道，从而进一步引导有能力的企业和农民向城市集中，并最终推动城市规模的扩大，是一种渐进的、弹性的城镇化过程，且并没有使农民在丧失耕地的同时也丧失就业，从而走向健康城镇化的良性循环。特色小城镇也有可能进一步成长为小城市，从而成为浙江省城市群和都市区体系中的重要节点。

基于这样的省情，浙江省城镇化的重心一直都偏向于镇。2007年浙江省人民政府推出《中心镇发展规划》（2006—2020年），提出培育一批现代化小城市。2010年浙江省人民政府择优选择36个试点镇作为小城市培育试点，以符合浙江省新型城镇化的发展要求。2012年浙江省人民政府发布的《浙江省新型城市化发展"十二五"规划》明确指出：到2015年，全省各县（市）基本形成"一城数镇"的发展格局，将一批有条件的中心镇基本培育成为现代新型小城市，促进特大城市、大城市、中小城市和小城镇协调发展。2015年浙江省人民政府出台《关于加快特色小城镇规划建设指导意见》，对特色小城镇的创建和实施进行规划。2015年，浙江省第一批37个省级特色小城镇创建名单正式公布，2016年第二批42个省级特色小城镇创建名单公布。由此可见，特色小城镇已经成为浙江省城镇化的一个鲜明特色，并成为外来人口就业和居住的主要目的地。

实际上，浙江省的特色小城镇并不仅指这79个试点镇，可以说大部分镇都由于其较强的经济水平和特色的产业类型而有特色小城镇特征。但每个镇的城镇化过程特征都不相同，包括主导产业类型，企业和劳动力的规模和分布，劳动力的收入水平和构成，以及镇区的空间规模、结构和功能等，不能一概而论。这种多样性来自空间市场势力的影响，以及企业和劳动力由此而做出的市场选择。因此特选取绍兴诸暨的店口镇、大唐镇作为案例，利用空间市场势力框架和结构—行为—绩效模型来研究每个镇的城镇化过程特征。店口镇、大唐镇具有不同的产业类型，并由此形成了各自的企业和人口集聚特征，分别代表了集中城镇化和分散城镇化的典型，并直接影响了城镇土地结构和布局特征。本文时间跨度选取2000—2015年，因该时间段是在出口型经济蓬勃发展的背景下浙江小城镇实现快速城镇化的过程，对于阐释特色小城镇的城镇化路径具有典型研究意义。

8.2　店口镇城镇化过程特征

8.2.1　店口镇城镇化过程总体特征

店口镇是诸暨市一个以五金制造业为主导的工业镇，也是一个在市场经济主导下由乡村经济逐步成长起来的集中城镇化的典型镇。店口镇东连绍兴，北接杭州萧山，靠近杭金衢高速公路，早期的区位条件并不好，远离诸暨城区，但随着杭金衢高速公路的修建，区位条件有所改变，如图 8-1 所示。店口镇最早于 20 世纪 70 年代开始在农村创办五金加工厂，并在 80 年代逐步形成家家户户办作坊的特色，之后镇区出现大批店铺，自发形成五金市场，从而形成产销一体化的浙江省典型的块状经济模式。店口镇区由于店铺的聚集也因此逐步发展起来，增加了生产服务业和生活服务业功能，而不仅仅是行政中心。20 世纪 90 年代随着产业升级的需要，小企业逐渐合并为大企业，并逐步搬迁入镇区生产，从而形成了大型上市企业为主导的五金加工产业集群，并带动了镇区的发展，成为小城市的规模。

图 8-1　店口镇、大唐镇在诸暨市地理位置

根据 2014 年《浙江乡镇统计年鉴》统计：店口镇企业总数 5608 个，在全省所有乡镇列第 16 位；产业收益率高达 12%，工业总产值 812 亿元，在全省所有乡镇列第 3 位；人均产值高达 74.3 万元，在全省所有乡镇列第 9 位；常住人口 14.5 万人，其中外来人口高达 7.8 万人，在全省所有乡镇列第 22 位；镇区面积达 15.6 平方公里，镇区人口高达 11.7 万人，人口居住在镇区的比重高达 88%，在全省所有乡镇列第 18 位；非农人口比重高达 97%，在全省所有乡镇列第 5 位。

从以上数据可以看出，店口镇是一个产业化和城镇化水平都较高的镇，不仅吸引了企业，也吸引了大批的外来劳动力。14.5 万的人口规模已经达到小城市的水平，而接近 50% 的外来人口比重说明该镇有极强的吸引力。在店口镇，由五金制造业形成的制造—加工—物流—服务产业集群的发展明显带动了城镇发展，形成了集中城镇化特征，劳动力聚集于镇区就业，并在镇区或镇区周边居住，镇区规模日趋增大，店口镇也日趋具有小城市的特征。

8.2.2 店口镇产业类型特征

店口镇的产业类型以五金制造业为主。五金制造业的特点是劳动密集型、产量高、品种多、生产工艺简单，因此小企业也可以胜任生产任务。但近年来随着汽车、空调和家电产业的发展，对五金制造业的需求不断提档升级，对生产工艺、品种和质量都有新要求，传统的普通五金制造已无法满足市场需求，小企业难以胜任生产任务，且利润空间较低，因此小企业通常采取和大企业合并的方式来继续生存，不仅可以分享先进的制造工艺，还可以保证较高的利润率。也有一些小企业放弃和大企业的竞争，转而为大企业生产中间品或提供生产服务。这也导致该行业以大型企业为主，小企业依附于大企业生存，企业数量相对较少。

以下利用浙江全省的五金制造业指标来参照分析店口镇五金制造业的特征，因为店口镇是浙江全省五金制造业的主要集中地区。衡量的指标包括企业亏损率、单位企业固定资产净值、单位企业产值、单位企业销售额。其中企业亏损率为亏损企业数量和全部企业数量的比值。数据来源于《浙江 60 年统计资料汇编》各行业企业经济指标，时间跨度为 1999—2008 年，也是浙江开始出现集中城镇化趋势的时期。测度结果如图 8-2 ～图 8-5 所示。

测度结果说明：

（1）历年（1999—2008 年）五金制造业企业亏损率逐年下降，但从 2002—2003 年开始逐年上升，之后出现波动，2007 年后又开始上升，说明 2002 年以前中小企业较多且大多可以盈利；2002 年开始亏损企业增多，说明中小企业已经不适应五金市场需求，之后出现了企业合并，导致企业数量变少。

（2）历年（1999—2008 年）五金制造业单位企业固定资产净值逐年下降，2002—2003 年保持平稳，2004 年后开始上升，也说明了 2002 年以前单位企业固定资产净值下降，中小企业较多；2002 年开始出现企业合并，企业规模不断扩大，表现为单位企业固定资产净值的提高，说明企业趋于集中，规模经济扩大。

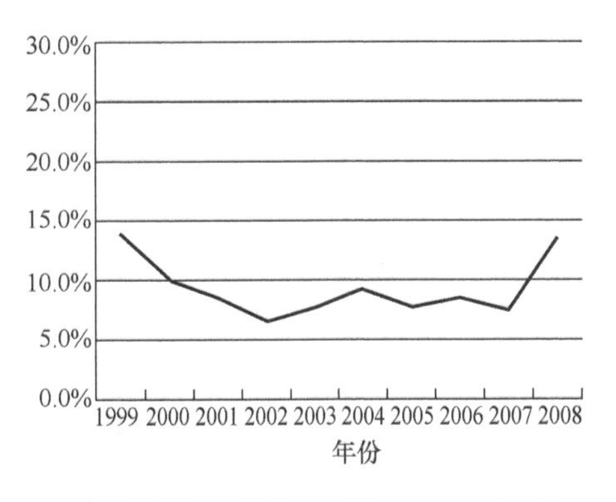

图 8-2　历年（1999—2008 年）五金制造业企业亏损率

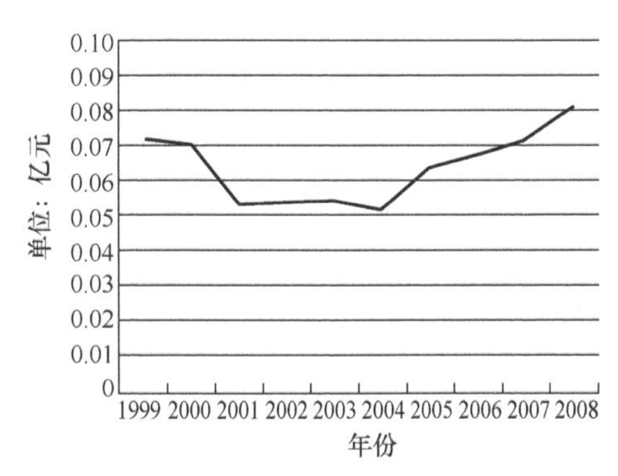

图 8-3　历年（1999—2008 年）五金制造业单位企业固定资产净值

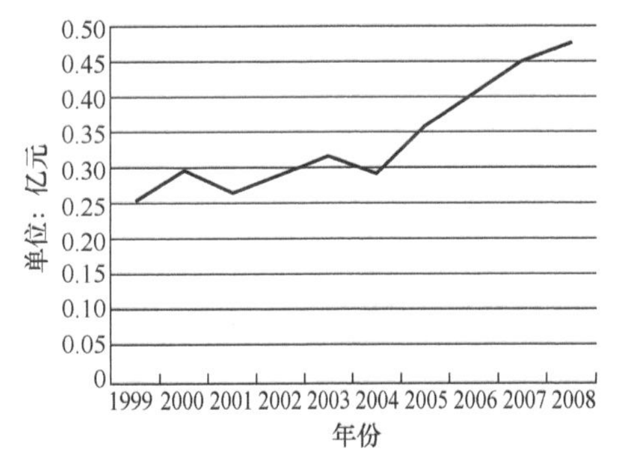

图 8-4　历年（1999—2008 年）五金制造业单位企业产值

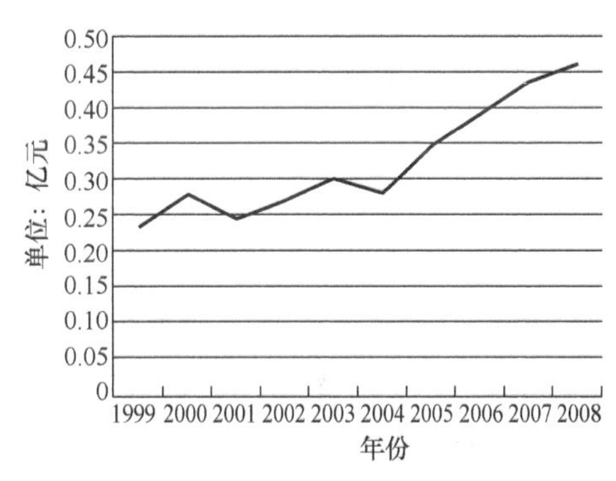

图 8-5　历年（1999—2008 年）五金制造业单位企业销售额

（3）历年（1999—2008 年）五金制造业单位企业产值在 2003 年以前出现波动，在 2003 年出现下降并再度上升，且上升幅度较大，说明 2003 年以前单位企业产值不高，企业规模较小，2003 年开始出现企业合并，企业规模不断扩大，且单位企业产值快速提高。

（4）历年（1999—2008 年）五金制造业单位企业销售额的表现和历年（1999—2008 年）五金制造业单位企业产值相似，也反映出 2003 年开始出现企业合并，企业规模不断扩大，且单位企业销售额快速提高，收益率提高促进了企业规模的进一步扩大，从而促使单位企业产值增加，体现了五金制造业的转型升级和规模扩张过程。

总的来看，浙江五金制造业的发展趋势是从小企业到大企业、从低端到高端、从分散的企业各自生产到企业集聚的过程。该产业发展过程也不断集中并扩大了企业的空间市场势力。这和浙江省2000年后出现的集中城镇化特征是相符的，也和店口镇集中城镇化的趋势相符。

8.2.3 店口镇城镇化空间市场势力特征

在店口镇城镇化过程中，空间市场势力的特征直接来自产业特征。五金制造企业的空间市场势力早期较小且分散，在产业改造升级的前提下，经过集中和合并，企业的空间市场势力较大且集中，企业为了扩大生产规模而产生较高的分工需求，进而吸引了劳动力和服务业企业。五金制造业企业的生产特点要求相关的劳动力和服务业企业都不能远离，因此受距离和运费制约，劳动力和服务业企业也需要分布在五金制造业企业周边，从而形成了从分散城镇化到集中城镇化的城镇化过程特征。

1. 早期空间市场势力小且分散，以分散城镇化为主

店口镇的城镇化以产业带动，早期20世纪80年代的城镇化过程也以分散城镇化为主，有鲜明的块状经济特色，小企业分散在广大农村地区，依托农民自家的小作坊进行生产。其时五金制造业对配件生产工艺和品类要求不高，因此小作坊式生产基本可以满足市场需要，而薄利多销的市场销售特点也使得店口镇几乎家家都建立作坊生产，从而形成了“村村点火、户户冒烟”的局面。此时的空间市场势力小且分散，代工型的生产方式使得企业在产品市场中获得的利润空间较小，稳定收益较低，因此农民兼业的情况比较普遍，尚未脱离农业生产。

2. 中期空间市场势力趋于集中，集中城镇化特征显现

中期的20世纪90年代，在店口镇区出现了五金交易市场。由于制造过于分散，且各家生产规模较小，不利于单独承接订单，因此会有专门的中间商在市场从事接受外来订单并收购、组织生产的活动。这些中间商主要为之前生产规模相对较大的企业主。中间商获得外来订单后分发给农村地区的各个小企业主生产，久而久之也形成相对固定的契约关系。这种契约关系逐渐上升为雇佣关系，小企业主也就自然而然地并入较大企业中，完成了初期的企业集聚和规模扩大过程。在该过程中，较大企业凭借订单数量的增加不断扩大市场份额，

从而获得了更多的空间市场势力，因而空间市场势力向大企业集中。劳动力也向大企业集中并围绕大企业就业居住，因而集中城镇化特征开始显现。

3. 晚期产业结构升级使垄断企业出现，集中城镇化特征明显

另一个促使企业集聚和规模扩大的原因是随着五金制造业的不断升级，对产品的功能和质量要求不断提高，早期的小作坊由于生产能力有限，已经不能满足市场需求，而大企业由于有先进的生产设备和完善的生产流程，更加适合现代市场要求，因此从中小企业向大规模企业的合并和扩张成为必然，体现了规模效益递增的规律，也是集中城镇化形成的必要条件。

同时大规模的生产活动对场地、物流和生产服务的需求上升，农村地区在这些方面存有劣势，已无法满足企业需求，因此较大规模的企业都陆续搬迁至镇区生产。镇区有较大规模的场地、相对便利的交通条件和较高等级的生产服务，镇政府也对企业搬迁行为进行支持，如提供低成本土地和税收优惠等。因此店口镇的五金制造业逐步由中小企业的垄断竞争状态过渡为大企业引导的寡头状态，剩余的中小企业转而为大企业提供上游中间产品的代工或下游服务，而不参与直接竞争，因此最终演化为以若干上市企业为先导、若干上下游中小企业参与的产业集群形态。

4. 稳定收益和生产方式使劳动力长期居住在镇区或周边，城市规模扩大

随着空调业的繁荣带动五金产品的热销，五金市场的需求价格弹性逐渐下降，因而五金制造业企业的空间市场势力有所升高，并比较稳定。稳定的收益和日益增加的市场份额保证了镇区的大企业能够长期保持生产，而不至于减产或停工。五金制造业属于劳动密集型的加工业，生产工序烦琐，对劳动力的需求量较高，劳动时间长，因此企业和劳动力的合同方式多为固定雇佣制，劳动力因而也需要居住在企业附近，以应付经常出现的订单要求。五金制造业企业的广泛需求保证了市场的稳定，也具有较高的收益率，从而保证了劳动力的工资水平，使得劳动力能够长期居住在店口镇区的企业周边，居住地主要为镇区和附近的农村。劳动力长期在企业工作并在附近居住也是集中城镇化得以实现的必要条件，扩大了城市规模，带动了生产服务业和生活服务业的发展，丰富了城市功能，店口镇的城镇化水平也不断提高，这是集中城镇化不断累积的空间市场势力所形成的正向效应。这种稳定居住状态使得镇区人口规模不断扩大，甚至达到了小城市的规模。

如表 8-1 所示，以浙江省几家镇属上市企业为例，从各企业 2010—2015 年的财务年报来看，店口镇的企业在就业人数、人均工资、工资水平和企业总成本的比值和净资产收益率方面都较高，并高于其他特色小城镇企业，表明企业空间市场势力很大，对劳动力的需求较高，工资水平和企业总成本的比值较高，劳动力乐于去企业就业，从而有稳定收入。另如表 8-2 所示，店口镇的城镇化集中度较高且逐年快速上升，原因在于不断吸引外来人口入驻。如图 8-6 所示，店口镇的外来人口比重逐年上升，已上升至 90%。据店口镇政府调查，外来劳动力中 30% 已在店口镇工作生活 8 年以上。由此可见，外来人口的增加并稳定长期居住也是集中城镇化得以实现的必要条件。

表 8-1　浙江省特色小城镇企业的年均就业和收益情况

企业	项目	2010	2011	2012	2013	2014	2015
盾安环境（绍兴诸暨市店口镇）	就业人数 / 人	8071	9742	9537	9428	9374	8581
	人均工资 /(万元 / 年）	4.27	5.27	5.94	7.23	8.29	9.87
	工资水平和企业总成本的比值 / (%)	16.80	19.70	11.10	14.30	18.00	21.80
	净资产收益率 / (%)	11.70	9.90	9.30	6.30	3.60	2.20
栋梁新材（湖州市八里店镇）	就业人数 / 人	987	995	1071	1157	1105	1116
	人均工资 /(万元 / 年）	8.80	7.95	8.47	7.63	8.19	8.69
	工资水平和企业总成本的比值 / (%)	0.94	0.63	0.83	0.76	0.77	0.80
	净资产收益率 / (%)	16.50	15.20	8.00	9.50	8.40	4.70
航民股份（杭州市萧山区瓜沥镇航民村）	就业人数 / 人	7445	7859	2850	2964	2560	2470
	人均工资 /(万元 / 年）	3.93	4.33	14.23	15.46	19.15	22.04
	工资水平和企业总成本的比值 / (%)	18.10	18.40	22.10	22.10	23.00	28.30
	净资产收益率 / (%)	16.70	16.60	15.80	19.60	18.50	17.60
宁波华翔（宁波市象山县西周镇）	就业人数 / 人	5170	5857	6423	8299	10445	12139
	人均工资 /(万元 / 年）	5.17	5.95	12.25	13.27	11.09	10.74
	工资水平和企业总成本的比值 / (%)	10.50	10.70	15.80	16.20	13.80	14.30
	净资产收益率 / (%)	15.90	10.60	9.40	10.10	12.20	3.50

续表

年份	项目	2010	2011	2012	2013	2014	2015
横店东磁（金华东阳市横店镇）	就业人数 / 人	7897	6522	6571	6599	6971	7631
	人均工资 /(万元 / 年)	5.96	8.06	9.00	9.62	10.58	11.00
	工资水平和企业总成本的比值 / (%)	21.30	18.80	22.20	21.70	21.80	15.30
	净资产收益率 / (%)	13.20	2.50	-8.30	9.50	11.60	9.10
景兴纸业（嘉兴平湖市曹桥镇）	就业人数 / 人	1360	1561	2254	2424	2438	2391
	人均工资 /(万元 / 年)	7.29	7.29	5.39	5.55	6.29	6.87
	工资水平和企业总成本的比值 / (%)	3.50	3.00	3.60	4.10	4.90	8.10
	净资产收益率 / (%)	6.70	4.40	0.50	0.50	0.40	0.40

数据来源：2010—2015 年的上市企业财务年报。

表 8-2　店口镇历年城镇化集中度

年份	2000	2005	2010	2014
城镇化集中度	65%	72%	78%	83%

数据来源：2001—2015 年的《诸暨统计年鉴》。

5. 集中城镇化提高了生活成本，城市外部不经济显现

随着城镇化水平不断提高，在店口镇区居住的生活成本也相应提高，如生活支出和居住支出。根据历年《诸暨统计年鉴》以及店口镇政府提供的统计报表数据，店口镇劳动力的生活成本高于诸暨城区。首先，店口镇的劳动力居住支出占总支出比重为 35.4%，诸暨市为 28.3%，可知店口镇的劳动力居住支出占总支出比重也超过了诸暨城区。其次，店口镇的劳动力基本生活支出占总支出比重为 65.2%，诸暨市为 65%，可知店口镇的劳动力基本生活支出占总支出比重也超过了诸暨城区。最后，如图 8-7 所示，店口镇区的房价已远超诸暨城区，可知店口镇的住房成本超过诸暨城区。这反映出随着集中城镇化的推进，店口镇服务业的空间市场势力在逐渐增强，取得了较大的本地消费市场份额，超过了诸暨城区。因而劳动力一般都选择集体居住在企业宿舍或周边农村，而较少独立居住在镇区，只有企业管理人员才会考虑居住在镇区或在镇区购房，劳动力工作在镇区、居住在农村的现象仍然较为明显。由于镇区周边的农村地区距离镇区较近，劳动力在农村居住并不会产生较高的时间和运费成本，因此

即使居住在农村，劳动力仍能够集中在镇区工作，这不会影响店口镇集中城镇化的趋势。

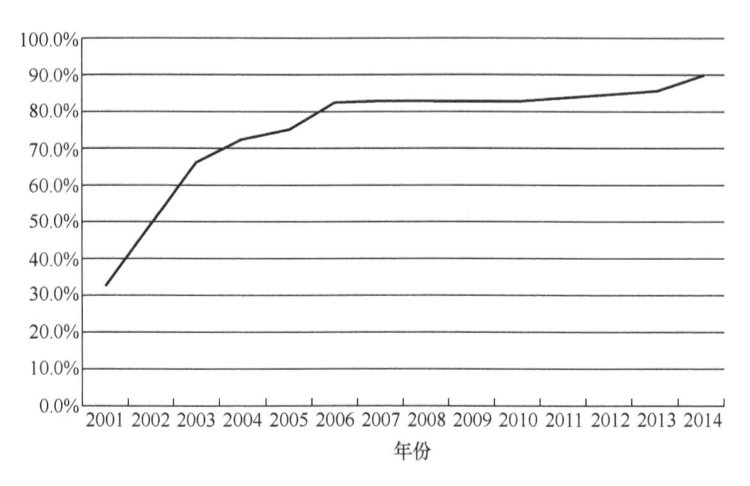

图 8-6 店口镇外来人口占常住人口比重（2001—2014 年）

数据来源：《诸暨统计年鉴》（2002—2015 年）。

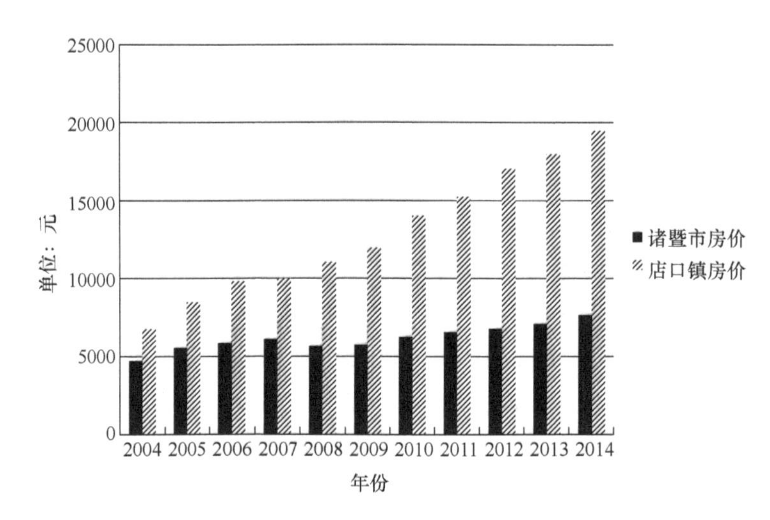

图 8-7 诸暨市和店口镇历年房价对比（2004—2014 年）

数据来源：《诸暨统计年鉴》（2005—2015 年）以及店口镇政府提供。

8.2.4 店口镇城镇化市场结构特征

店口镇的城镇化过程主要由制造业集聚形成，制造业企业的规模较大，而非中小企业集群，因为中小企业集群的空间市场势力较为分散，难以形成集聚。

店口镇的企业总数在全省来看并不多，而其工业总产值和人均产值在全省来看都较高，可见店口镇的企业规模在全省乡镇企业中较大。但店口镇的企业年均产值不高，在全省排第 66 位，这说明店口镇的企业集群方式为少数几个大型企业带动大多数的中小企业。大型企业垄断了五金市场，获取了较高的市场份额，吸引了劳动力和其他中小企业，而中小企业主要采取为大型企业提供上下游分工的方式。大型企业在镇区的集聚也使得中小企业和劳动力相继集聚在镇区。由此可判断店口镇的企业和劳动力的城镇化市场结构为寡头型，表现为市场份额和劳动力都集聚在少数几个大型企业，并呈空间集中的特征。

为了进一步验证该判断，特别选取店口镇几家大型的以生产五金产品为主的上市企业，包括盾安环境、海亮股份、万安科技、露笑科技。以此来计算这些企业的 CR_4 指数，以测度其产品和劳动力的市场集中度。计算方法为 4 家企业的历年经营收入总额和全镇企业经营收入总额的之比，以及 4 家企业的历年（2006—2014 年）劳动力人数和全镇劳动力人数的之比。测度结果如表 8-3 所示。

表 8-3 店口镇 4 家上市企业历年（2006—2014 年）营收和劳动力 CR_4 测度结果

单位：%

年份	4 家上市企业营收 CR_4	4 家上市企业劳动力 CR_4
2006	16.0	14.8
2007	17.2	15.4
2008	18.4	15.2
2009	20.6	16.5
2010	22.3	18.6
2011	24.5	19.3
2012	26.2	20.4
2013	28.3	21.2
2014	30.8	22.3

数据来源：企业数据来自各上市企业 2006—2014 年的年报，店口镇数据来自《诸暨统计年鉴》（2007—2015 年）。

从 CR_4 结果不难看出，店口镇 4 家上市企业在全镇的制造业市场及劳动力市场中具有一定的垄断性，因而验证了店口镇的城镇化为寡头市场结构。营收 CR_4 始终大于劳动力 CR_4，证明上市企业的分工结构中除了劳动力以外，还有很多上游企业的存在，这些上游企业和上市企业共同构成了企业生产集群。如图 8-8 所示，在 2008—2010 年，劳动力 CR_4 的增速超过了营收 CR_4，证明该时间段内劳动力的聚集能力很强，也表明企业对劳动力的需求很大。2012 年以后营收 CR_4 的增速超过了劳动力 CR_4，表明企业分工结构的改变，从劳动力主导趋于外包主导，产业类型从劳动密集型向技术密集型转移。因此，如果早期店口镇的企业和劳动力还是户户有作坊的垄断竞争市场结构的话，现在的店口镇已经成为集聚程度非常强的寡头市场结构。寡头市场结构使得市场份额和劳动力集中于几家大企业，这几家大企业也都在镇区落户，在镇区形成了五金制造业生产—经销—仓储—运输的产业集群，从而为集中城镇化奠定了基础。

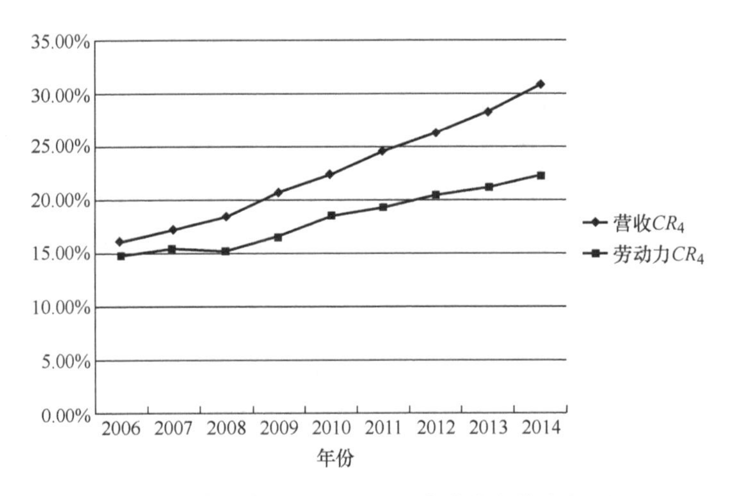

图 8-8　店口镇 4 家上市企业历年营收和劳动力 CR_4

数据来源：企业数据来自各上市企业 2006—2014 年的年报，店口镇数据来自《诸暨统计年鉴》（2007—2015 年）。

8.2.5　店口镇城镇化的企业市场行为特征

店口镇城镇化的企业市场行为特征包括两方面：一方面是五金制造业企业的规模扩张行为及其所发起的分工行为，大型企业和中小企业形成了企业集群，并从分散的农村集聚于镇区，之所以集聚于镇区，是因为企业规模扩大以后，对现代化生产方式的需求增加，包括大型厂房、专业化流水线、大型仓库和专业物流等，这些显然无法在农村地区实现；另一方面是服务于企业员工的生活服务业也分布于企业周边，为企业员工提供生活服务。

为了进一步考察企业的市场行为特征，特对店口镇的企业展开调查，通过调查结果来掌握企业的市场行为特征。调查对象为店口镇某知名大型五金制造业企业的管理人员。对企业管理人员的调查方式主要为访谈。

1. 企业市场行为特征

对企业管理人员的访谈如下所示，访谈内容当场记录并经过加工整理。

访谈记录 1　对店口镇某知名大型五金企业的访谈

访谈对象：该企业管理人员

问：请您简单谈谈企业的发展历程。

答：我们企业的老总最早在 20 世纪 80 年代的店口农机厂上班，该厂主要生产农机配件。之后老总离开该厂自己创业，作坊就在其老家的废旧房屋内，主要生产机械配件，并自己到其他地区跑销售。随着业务量的不断增加，企业的业务范围也进一步专业化，并在空调配件上成为国内主要生产基地。随着企业规模的不断扩大，企业于 2001 年上市，企业厂房也搬入了店口镇区，目前企业规模近万人。

问：企业目前的业绩如何，除了五金制造业还有没有其他业务？

答：目前我们企业的业绩在浙江省乃至全国还是比较不错的，尤其是在空调配件这一类位居前列，占有比较大的市场份额。由于近年来空调市场的兴盛，我们企业的订单也比较稳定。目前企业的主要发展方向是把空调配件这一块业务继续做大做强，并努力争取国外订单，所以也没有过多发展其他业务。

问：企业在发展过程中和其他企业的关系如何？有没有兼并行为？

答：一开始我们企业的老总也和其他企业一样，都是简单加工配件，后来我们老总跑外地市场跑得多，有一些订单接过来做不了，就匀给其他企业做。再后来五金市场在镇里成立了，我们老总的主要精力就放在市场里了，一个是接外地订单，再有就是把订单往下分发。之后我们企业买了一些新设备，生产效率上去了，其他企业的效率没有我们企业高，就和我们老总商量以入股的方式合并，因此我们企业在 20 世纪 90 年代的时候规模上升得很快。那些小企业加入我们后，企业主也不用操心，只需要按股份提成就可以了。所以发展到后来就很少有企业能和我们竞争，我们企业也搬到了镇区。

问：请问企业为什么要搬入镇区？

答：搬入镇区肯定提高了生产成本，但原因有几个方面。第一个方面是我们企业现在主要生产空调配件，而空调配件属于精密配件，以前的农村工厂没有这个生产能力，所以我们需要购买更先进的生产设备，也需要更先进的生产车间。这些需求在农村工厂满足不了，因此需要在镇区建厂。第二个方面是店口镇的物流中心在镇区，而且靠近高速公路，而农村离高速公路较远。第三个方面是农村没有大容量的仓库，而我们生产规模扩大以后，对仓库的要求很高。

由于我们是全镇的大型企业，镇政府也在土地、税收方面为我们企业提供了一些优惠条件。搬入镇区还有一个好处是镇区的同类型企业很多，如果我们企业有做不完的订单或者对原材料或半成品有需求，可以很方便地和他们合作。

问：未来企业还会搬到诸暨城区或其他地方吗?

答：目前不会考虑企业搬迁。因为店口镇区目前的基础设施条件和诸暨城区差不多，已经适合我们企业的生产。而且店口镇靠近高速公路和杭州的机场，因此交通条件比诸暨城区要方便。此外，店口镇政府给我们的政策优惠条件比市里要好一点。

问：请问企业员工的就业条件和待遇如何?

答：我们企业有几千名员工，以便应付大批量订单的生产要求，而且经常加班。为了保障他们的生活，也为了保障他们能及时加班，公司主要安排员工住在宿舍。宿舍主要是镇区周边牛皋村的一些民房和农民自建的公寓楼。由于日常生产比较繁忙，我们还是保障员工的待遇。目前的工资收入不仅在店口镇，而且在诸暨市都很有优势。因此我们也吸引了不少外地员工，如湖南、湖北、广西、江西等省的员工，目前还在不断招人。

问：企业员工能够在企业长期就业吗?能够在镇区定居吗?

答：由于我们企业的订单一直以来都比较稳定，因此员工的收入还是可以保障的，而且每年都能够上升，员工一般都会在企业就业很长时间。目前来看，企业员工的流动性不是很高，很多员工都在企业干了3到5年。至于定居，在镇区买房的人不算多。本地员工一般都在农村有住宅，外地员工如果在镇里成家，则会在镇区买房。管理人员一般都选择在镇区租房居住，有些高管也在镇里买房。

由该访谈得知，该企业作为规模较大的五金制造业企业，占有稳定的市场份额，因而在五金市场中获取的市场势力较大且稳定。该企业的主要市场行为就是企业规模的扩张，并有较大的分工需求，因而会吸引生产服务业企业和劳动力。由于企业发展升级的需要而搬至镇区，生产服务业也被吸引到镇区。企业和服务业之间有固定的合同关系，因而形成了紧密的企业集群。由于镇区为企业集群提供了较多的城市功能和较低的生产成本，因而企业目前也不会考虑其他地址，如诸暨城区。由于该企业的生产要求较高，因此雇佣的劳动力统一居住在公司安排的宿舍，以应付加班需求，从而也使劳动力聚集，但居住在镇区的员工较少，因为镇区的居住成本较高，普通劳动力难以负担。

2. 生活服务业市场行为特征

经过调查得知，为企业员工提供生活服务的商店主要位于店口镇区周边的农村，由此也对个别店主进行如下访谈。访谈内容当场记录并经过加工整理。

访谈记录 2　对店口镇区周边牛皋村生活用品和食品商店的访谈

访谈对象：开商店的店主

问：请问你是哪里人，为什么到店口镇来开店？

答：我是安徽人，来店口镇是因为这边打工的人多，我亲戚也在这里打工，所以我就来这里开个商店，生意好做。

问：主要卖些什么商品？本地人买得多吗？

答：主要卖一些日用品和食品，本地人买得不多，主要都是附近企业打工的人来买。打工的年轻人多，所以喜欢买。

问：为什么开店在农村，不在镇区？

答：因为打工的人大都住在农村，没住在镇区，所以开在农村方便点，而且农村租房便宜，镇区租房太贵。

问：每年收益如何？以后有什么打算？

答：还可以，比在老家强，主要这边打工的人多，买东西的人也多，因此收入可以保证，每年 5 万元到 10 万元吧。而且这些打工的人在这里住几年，一般不会走，所以还是计划在这边一直开店。

问：有计划在镇里买房定居吗？子女在这边吗？

答：镇区的房子目前比较贵，所以我们目前还是租房住，不打算买房。而且我们是农民，还是习惯住在农村。子女也在镇区的学校上学，目前还方便。

从该访谈可知，该店主要依附于企业就业的劳动力的生活消费需求。由于劳动力长期居住在企业周边，因此生活服务业也依附于企业周边，店主获得了稳定的利润，因而也获得了服务业空间市场势力。但该空间市场势力来源于五金企业所引发的分工产业链，而且依附于劳动力，因此比较有限。为了减少成本，商店也选择开在镇区周边，而不是镇区内部。由于收益有限，店主也没有长期定居的打算，毕竟在店口镇就业的劳动力主要为外来人口，且大多没有定居打算，一旦企业的收益出现波动，那么劳动力又将流出，生活服务业在这里也没有必要继续存在。由此也验证了制造业的空间市场势力对城镇化过程的初始影响以及基于利润共享的制造业—劳动力—生活服务业的分工关系和集中城镇化的相关性。

8.2.6 店口镇城镇化的劳动力市场行为特征

劳动力的市场行为主要是参与企业分工。五金制造业企业的生产工序多且时间要求高，而且经常出现临时订单，因此企业通常会和员工签订长期的雇佣合同，要求员工能够全职在企业就业，并对员工的生活做出保障。这种合同方式也使劳动力无法再做出其他的市场选择行为，如从事兼业，只能在企业中单一就业，因此劳动力也需要集聚在镇区。

为了进一步考察劳动力的市场行为特征，特对店口镇的劳动力展开调查，通过调查结果来掌握劳动力的市场行为特征。调查对象为店口镇某大型企业的劳动力。对企业劳动力的调查方式主要为问卷和访谈。

1. 劳动力市场行为的问卷调查结果

对劳动力市场行为的调查为问卷形式，主要针对五金制造业企业的员工以及当地农民。问卷内容如表 8-4 所示，主要包括对劳动力就业、收入、居住、生活条件、耕地等个人情况的调查，以了解其在城镇化过程中的就业和生活特征。

表 8-4 诸暨市特色小城镇劳动力调查问卷

1. 您的年龄：			
A. 0～20 岁	B. 21～40 岁	C. 41～60 岁	D. 60 岁以上
2. 您的职业（可多选）：			
A. 农民	B. 工人	C. 生意人	D. 自由职业
3. 您的教育程度：			
A. 小学	B. 中学	C. 大学	D. 职业学校
4. 您的居住地（可多选）：			
A. 农村	B. 新型社区	C. 镇区	D. 城区
5. 您的年收入：			
A. 5 万元以下	B. 5 万～10 万元	C. 10 万～20 万元	D. 20 万元以上
6. 您的收入来源（可多选）：			
A. 种地	B. 土地租赁	C. 务工	D. 经商
7. 您的就业地（可多选）：			
A. 农村	B. 镇区	C. 城郊	D. 城区

续表

8. 您每天上班所花费时间：			
A. 0.5 小时以下	B. 0.5 ～ 1 小时	C. 1 ～ 1.5 小时	D. 1.5 小时以上
9. 如果经济条件允许，您希望生活在：			
A. 农村	B. 新型社区	C. 镇区	D. 城区
10. 您希望进城生活的原因是（可多选）：			
A. 就业	B. 教育	C. 医疗	D. 亲友
11. 您希望进镇生活的原因是（可多选）：			
A. 就业	B. 教育	C. 医疗	D. 亲友
12. 您希望进新型社区生活的原因是（可多选）：			
A. 就业	B. 教育	C. 医疗	D. 亲友
13. 您希望生活在农村的原因是（可多选）：			
A. 种地习惯	B. 生活习惯	C. 亲朋好友	D. 自家房屋
14. 您觉得目前的生活还有哪些不足（可多选）：			
A. 环境较差	B. 交通不便	C. 住房简陋	D. 设施不全
15. 您的耕地目前处于什么状态：			
A. 自己种植	B. 闲置	C. 合作种植	D. 出租
16. 您愿意放弃耕地进城居住，成为市民吗：			
A. 不放弃耕地不进城	B. 不放弃耕地进城	C. 放弃耕地不进城	D. 放弃耕地进城
17. 您的家庭状态：			
A. 自己在农村，家人在城镇	B. 自己和家人都在农村	C. 自己在城镇，家人在农村	D. 自己和家人都在城镇
18. 您希望选择的职业是：			
A. 种地	B. 经商	C. 务工	D. 自由职业

问卷调查结果主要包括以下几个特点。

（1）就业特征：82% 的受访对象为中学以下教育程度，表明劳动力的受教育程度不高，符合之前对浙江省劳动力受教育程度的描述。78% 的受访对象年收入在 5 万～ 10 万元的区间，高于一般农民收入的 2.5 万元，但也很少有突破 10 万元的，仅 9% 的受访对象在此范围。收入来源多为务工，约 84%，这说明劳动力仍然主要从事简单加工的制造业，工作性质单一。而对于职业选择，74% 的受访对象选择务工，20% 的受访对象选择经商，说明务工对于农村劳动力而言仍然是最主要的选择，因为其可带来稳定的收入。

（2）就业地选择：受访对象的就业地主要在镇区，占 84%。通勤时间也主要在 0.5 小时以下，占 68%，其余在 0.5 ～ 1 小时。就业地和居住地较近，通勤时间较短，说明劳动力主要从事固定职业，而没有从事其他职业。原因在于劳动力受到企业所提供的工资水平的吸引，在企业里收入稳定，劳动力实际获得了稳定的利润。企业的生产对劳动力的就业时间要求较高，使得劳动力不能从事其他职业，因此居住在企业的周边。劳动力向企业的集聚也符合集中城镇化的主要特征。

（3）居住地选择：在对于居住地的选择中，74% 的受访对象选择居住在农村和新型社区；15% 的受访对象选择居住在城区，主要是绍兴城区，而不是诸暨城区，因为店口镇离绍兴城区较近；仅有 11% 的受访对象选择居住在镇区，原因在于店口镇的农村离镇区较近，尤其是牛皋村、横山湖村就位于镇区周边。居住在农村的原因主要为生活习惯和自家房屋，居住在城市的原因主要为教育和医疗。由此可见，镇区虽然是集中城镇化的中心，但城市功能偏重生产服务业；而对于劳动力而言，生活在镇区既无农村实惠，也无城市便利，因此不是最佳选择。这也和之前劳动力在镇区居住的影响因子的测度结果相符，即镇区规模和服务水平影响了劳动力的选择。店口镇区由于制造业和生产服务业聚集，生活服务业相对较少，居住和生活服务业用地的比例相对工业用地较低，因此住在镇区的人口较少。

（4）耕地选择：对于耕地，84% 的农民选择出租，16% 的农民选择自己种植，说明大部分农村劳动力已经脱离了农业生产。但 90% 的农民都选择不放弃耕地进城，说明农民并没有放弃耕地进城落户的打算，仍然希望保留耕地。这说明农村劳动力仍然为自己保留了兼业的选择机会，也说明放弃耕地进城生活的单一城镇化道路其实并不一定适合大多数农民。

2. 问卷调查结果的相关性分析

对问卷调查结果进一步处理，对城镇化影响因子进行相关性分析，以了解各影响因子之间的互相联系，从而在一定范围内进一步判断城镇化过程特征如何影响劳动力市场行为的逻辑性。影响因子包括：职业、居住地、年收入、收入来源、工作地、通勤时间、希望生活地、耕地状态、放弃耕地进城意愿。对问卷调查结果进行数据处理后利用 SPSS 20 的相关性分析工具进行分析，采用 Pearson 相关法。对拟合系数 R^2 值过低或统计误差 sig 值高于 0.05 的结果进行舍弃，保留分析结果如表 8–5 所示。

表 8-5 店口镇劳动力城镇化影响因子相关性分析（括号外为 R^2 值，括号内为 sig 值）

影响因子	希望生活地	耕地状态	放弃耕地进城意愿
居住地	—	0.338 （0.011）	0.369 （0.004）
收入来源	—	—	0.261 （0.044）
工作地	0.259 （0.044）	—	—

从结果不难发现，职业、年收入、通勤时间这些就业相关的影响因子和其他居住相关的影响因子并无相关性，表明这些影响因子对劳动力的市场行为影响不大。原因在于在集中城镇化中，受调查劳动力的对象就业形式趋同且单一，居住也多依附或靠近于企业，因此表现出较少的个人选择性。

在其余来源因子中，居住地和耕地状态呈正相关，即居住在农村的劳动力仍然耕种土地，而居住在城市或镇区的劳动力已经不再耕种。居住地、收入来源和放弃耕地意愿呈正相关，即居住在农村的劳动力不愿意放弃耕地，而居住在城市或镇区的劳动力有放弃耕地的意愿。可见居住在农村的劳动力有兼业特征，仍然从事农业生产；而居住在城市或镇区，也即在镇区务工的劳动力更加专业，不再从事农业生产。前者体现出分散城镇化特征，后者体现出集中城镇化特征。工作地和希望生活地呈正相关，即在农村工作的劳动力倾向于生活在农村，而在镇区工作的劳动力倾向于生活在新型社区或镇区，体现出劳动力就近城镇化的特征，可认为劳动力的这种依附企业工作和居住的行为在客观上自发解决了产城不一体的问题，符合市场经济规律。

3. 问卷调查结果的聚类分析

对问卷调查结果的城镇化影响因子进行聚类分析，从而对劳动力的市场行为进行分类，在一定范围内进一步判断城镇化过程特征如何影响劳动力市场行为的逻辑性。影响因子包括：职业、居住地、年收入、收入来源、工作地、通勤时间、希望生活地、耕地状态、放弃耕地进城意愿。对问卷调查结果进行数据处理后利用 SPSS 20 的聚类分析工具进行分析，采用 K-means 聚类法，最终分为 3 类。分析结果如表 8-6 所示。

表 8-6 店口镇劳动力城镇化影响因子聚类分析

影响因子	不同类型劳动力		
	第 1 类劳动力	第 2 类劳动力	第 3 类劳动力
职业	企业员工	企业员工	企业管理人员
居住地	农村	新型社区	城区
年收入	5 万元以下	5 万元以下	5 万～ 10 万元
收入来源	打工	打工	打工
工作地	镇区	镇区	镇区
通勤时间	0.5 ～ 1 小时	0.5 ～ 1 小时	1 ～ 1.5 小时
希望生活地	镇区	镇区	城区
耕地状态	自己种植	合作种植	闲置
放弃耕地进城意愿	不放弃耕地，进城居住	不放弃耕地，进城居住	不放弃耕地，进城居住

从该聚类结果来看，第 1 类劳动力是本地农村劳动力，第 2 类劳动力包括本地和外地农村劳动力，第 3 类劳动力是企业中层管理人员。3 类劳动力的区别主要是居住地，并继而影响了通勤时间、耕地状态。第 1 类劳动力在镇区工作而在农村居住，仍希望住在镇区，但不放弃耕地，自己还会种植。第 2 类劳动力在镇区工作而在新型社区居住，仍希望住在镇区，耕地由他人种植。第 3 类劳动力在镇区工作而在城区居住，应为企业管理人员，耕地已不再种植。总体来看，劳动力仍然有进入镇区就业和居住的倾向，表明了在集中城镇化背景下，店口镇快速发展的镇区规模和服务水平对劳动力仍有一定吸引力。这和之前劳动力居住特征的测度结果相一致，即镇区规模和服务水平影响了劳动力进入镇区居住的倾向。

8.2.7 店口镇城镇化市场绩效特征

1. 企业市场绩效特征

衡量企业市场绩效特征的主要指标是净收益率。由于店口镇企业主要为寡头企业，因此从各上市企业历年的财务年报中收集资产净收益率指标，以考察其市场绩效情况，如表 8-7 和表 8-8 所示。

表 8-7　店口镇上市企业净资产收益率　　单位：%

上市企业	净资产收益率						
	2010 年	2011 年	2012 年	2013 年	2014 年	2015 年	均值
盾安环境	11.70	9.90	9.30	6.30	3.60	2.20	7.17
万安科技	31.50	6.85	1.84	5.31	10.14	11.27	11.15
海亮股份	15.30	9.10	8.67	10.00	13.94	11.98	11.50
露笑科技	19.00	6.20	4.27	4.25	–4.62	8.96	6.34

数据来源：上市公司历年财务年报。

表 8-8　店口镇上市企业生产成本　　单位：万元

上市企业	生产成本						
	2010 年	2011 年	2012 年	2013 年	2014 年	2015 年	均值
盾安环境	205594	261075	512090	476582	432167	387718	379204
万安科技	56780	74866	60023	77294	88876	105081	77153
海亮股份	981055	1236684	1170599	1384086	1274219	1525277	1261987
露笑科技	211065	221145	187648	169250	261783	193116	207335

数据来源：上市公司历年财务年报。

从各企业收益率可以看出，店口镇企业的收益率仍然保持在较高的水平，超出正常企业 5% 左右，说明其空间市场势力仍然有效。但 2015 年的收益率相比 2010 年有较大下滑，并在近 5 年内出现波动，说明五金制造业企业仍然受到产品市场影响。从各企业生产成本可以看出，近 5 年来成本上升较快，最大已经翻倍，表明企业具有明显的规模扩张行为和极强的分工效应，这解释了店口镇的劳动力和服务业企业快速聚集的原因，也成为集中城镇化的基础。如果收益率继续下降并跌破 5%，则店口镇的制造业企业规模将缩小，其劳动力和生活服务业企业的规模也将缩小。

2. 劳动力市场绩效特征

劳动力的市场绩效特征仍然是通过劳动力的收入水平和收入结构来考察。收入水平可以反映劳动力的盈利情况，收入结构可以反映劳动力的就业情况。因此特别选取店口镇上市企业 2010—2015 年的财务年报数据，计算各企业的工资水平，如表 8-9 所示。

表 8-9 店口镇上市企业工资水平 单位：万元 / 人

上市企业	工资水平						
	2010 年	2011 年	2012 年	2013 年	2014 年	2015 年	均值
全省平均工资水平	3.60	4.18	4.76	5.21	5.66	—	4.68
盾安环境	4.27	5.27	5.94	7.23	8.29	9.87	6.81
万安科技	5.05	5.90	5.16	5.51	5.64	6.83	5.68
海亮股份	3.05	5.17	6.18	7.66	3.73	5.87	5.28
露笑科技	5.21	4.18	5.48	8.09	7.08	7.17	6.20

数据来源：上市公司历年财务年报。

从该结果不难看出，店口镇工资水平多处于 5 万～ 10 万元的区间之中，高于全省平均工资水平，这也是店口镇能吸引外来劳动力的原因。另外问卷调查结果显示，89.2% 的受访对象收入来源仅为务工一项，说明劳动力的收入结构较为单一，集中在工资收入，而没有兼业特征。由于劳动力在店口镇就业能获得较好的绩效，因此其就业也较为稳定，而就业时间也决定其无法从事其他职业。而且外来劳动力较多，从事其他职业如种地、经商也并不现实。

从劳动力的生活质量来看，问卷调查结果显示，主要的生活不足在于环境较差、住房简陋和设施不全，比例分别占 72%、68% 和 87%，说明大多数的劳动力对生活质量并不满意。原因主要来自农村劳动力主要住在周边农村，农村在服务水平方面和城市尚有差距。而镇区仍然缺乏生活服务功能，且生活成本较高，因此不适合农村劳动力居住。

8.2.8 空间市场势力对店口镇城镇土地利用的影响

1. 对城镇用地规模的影响

集中城镇化特征使店口镇区的用地规模不断扩大，如图 8-9 所示。1990 年，店口镇区用地面积仅为 5.3 平方公里，在全市乡镇中排名靠后。2014 年已经增长至 15.6 平方公里，在全市乡镇中排名靠前，并超过了大唐镇。年均用地增长速度为 18%，而诸暨城区的年均用地增长速度仅为 5%。快速的用地增长也使店口镇区成长为小城市。用地规模的增长主要源自五金制造业的寡头企业集聚于镇区，使得空间市场势力增大并集中。该集聚行为不仅使得企业的生产规模扩大，从而增加了工业用地需求，也催生了对劳动力和服务业的需求，从而也增加了对其他功能的用地需求。

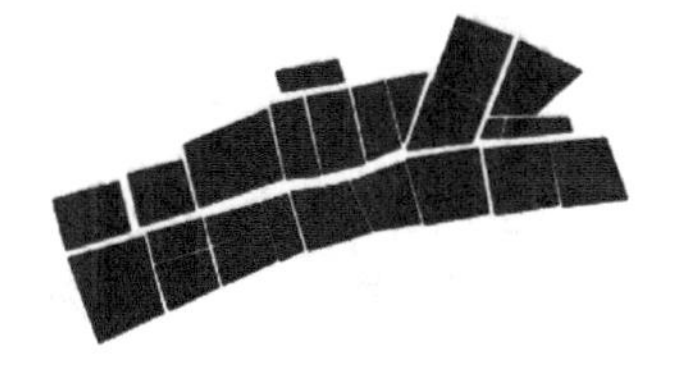

图 8-9　店口镇区历年用地演变示意图（2000 年，2005 年，2014 年）

数据来源：根据《诸暨市总体规划 2015》和《店口镇总体规划 2009》店口镇区用地现状图改绘。

如图 8-10 所示，店口镇区的用地规模增长经历了两个过程。第一个过程是 2000 年后的快速增长期，这和浙江省 2000 年后所出现的集中城镇化趋势一致。可以认为该时期的用地增长主要来自因企业生产规模扩大而带来的大量的用地需求，是企业空间市场势力集中并扩大的结果。第二个过程是 2004 年后用地规模增长缓慢，该阶段也和浙江省 2000 年后仍然存在的分散城镇化特征一致。原因包括两点：第一点是五金市场的波动对企业生产规模的影响，使其不能继续扩张；第二点是企业扩张所需的用地主要为工业用地，而服务业用地和居住用地扩张速度偏缓，因为生产服务业企业的规模较小，且受雇佣的劳动力大多不住在镇区。

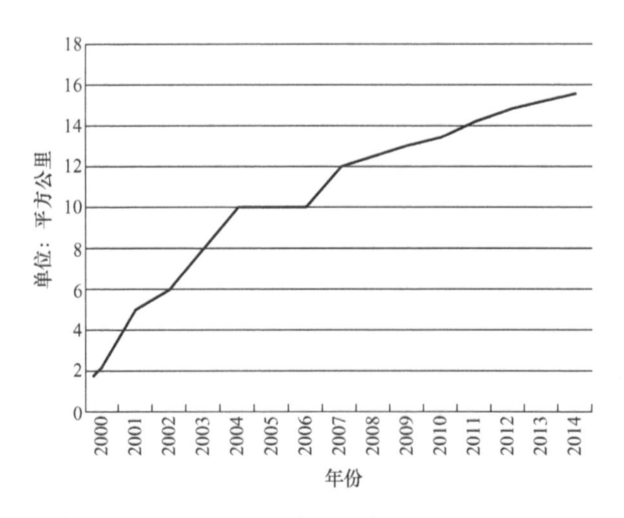

图 8-10　店口镇区历年用地规模（2000—2014 年）

数据来源：《诸暨市土地利用规划 2006》《诸暨市总体规划 2014》和《店口镇总体规划 2009》。

2. 对城镇用地功能结构的影响

如前所述，店口镇区的增长主要体现在工业用地的快速扩张，以满足各大企业的生产用地需求，而其他类型用地则相对缺乏，用地功能结构并不平衡。如图 8-11 所示，在店口镇区的用地功能结构中，工业用地比例较高，达 73%；服务业用地（包括生产服务、公共服务和生活服务）的比例为 15%，其中以生产服务业用地为主；居住用地的比例为 12%。工业用地远多于服务业用地和居住用地，在镇区中不多见。之所以服务业用地和居住用地较少，是因为店口镇区用地主要服务于企业，因此在用地规划时主要参照工业区的形式，而忽视了城市建设。

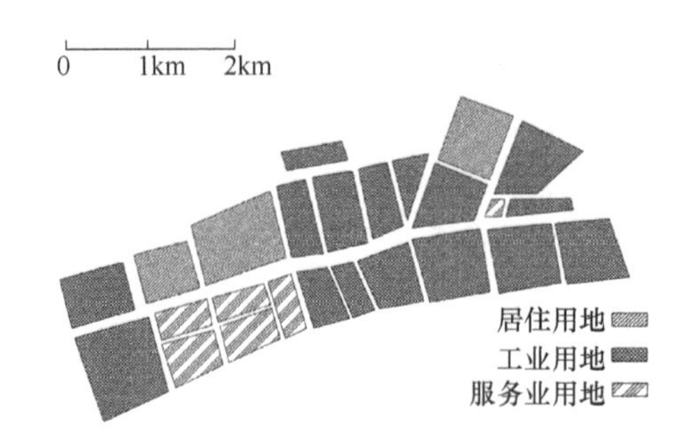

图 8-11　店口镇区用地布局示意图（2014 年）

数据来源：根据《诸暨市总体规划 2015》店口镇用地现状图改绘。

由此可见，店口镇区有典型的工业镇的特点，虽然集中城镇化使得店口镇区的用地规模快速增长，但是受五金制造业产业特征和寡头企业生产方式的影响，用地重工业而轻服务业，形成了类工业园区的土地利用形态，用地功能结构较不平衡。相应地，镇区周边的农村承担了外来劳动力的居住功能，包括村民自有农房和农村新型社区，以及一些村民自发组织的生活服务功能，以弥补镇区居住用地的不足。

3. 对地块尺度的影响

另外，如图 8-11 所示，店口镇区的地块尺度较大，多在 0.5 ～ 1 平方公里，表明地块主要供大企业使用，从而形成了“大地块、疏路网”的格局。大地块的封闭性也限制了地块的进一步划分，减少了临街公共空间，从而阻碍了小型服务业企业对土地的利用，也制约了生产服务功能的发展。大企业倾向于在地块内部解决员工的居住和生活服务需求，因此制约了居住用地的增长，镇区公共空间也鲜见生活服务功能。

4. 对城镇用地空间结构的影响

由于具有鲜明的集中城镇化特征，店口镇区是以镇区为中心逐步向四周扩张，镇区边界不断延展，从而形成了单中心的空间结构。和镇区逐步接壤的农村地区渐渐转化为城镇土地，并承载城镇功能（图 8–12）。即使没有转化为城镇土地，也因为给劳动力提供居住和生活服务功能而成为事实上的非农用地。另外，周边各农村积极开展新农村社区建设工作，推动农民向社区集中，实际上也是一种村庄的土地非农化过程。和店口镇区直接接壤的牛皋村（图 8–13），无论是用地功能还是建筑功能方面，非农化特征非常明显，主要为镇区工作的劳动力提供住宿和生活服务，已经基本放弃农业生产功能，耕地也在逐步转化为建设用地。而在远离镇区的农村地区，耕地依旧存在，农业生产功能也仍然保持。由此可见，在集中城镇化过程中，店口镇周边农村的非农化动力主要来自参与镇区企业的分工关系，而非农村本地企业空间市场势力。

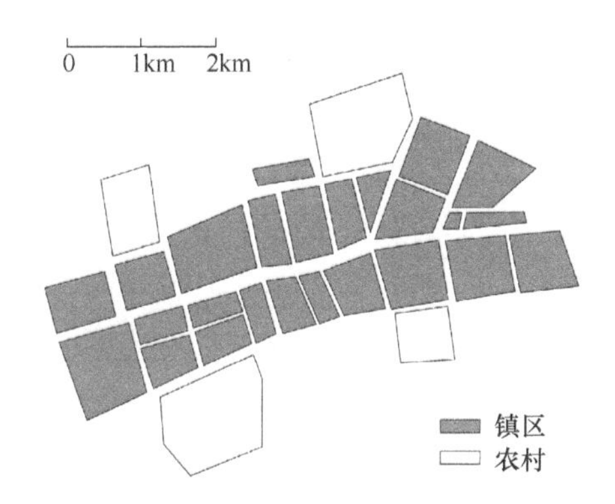

图 8–12　店口镇区和周边农村布局示意图（2014 年）

数据来源：根据《诸暨市总体规划 2015》店口镇用地现状图改绘。

图 8–13　店口镇区和牛皋村交界处示意图（2014 年）

5. 对土地利用集约度和土地利用效率的影响

在集中城镇化过程中，随着企业不断向镇区集聚，镇区的土地利用集约度和土地利用效率较高。用单位面积土地劳动力（单位：人 / 平方公里）和单位面积企业产值（单位：亿元 / 平方公里）对店口镇区建设用地的土地利用集约度和土地利用效率进行测度，结果如图 8-14 所示。不难看出，店口镇区建设用地历年的土地利用集约度和土地利用效率经历了 2000 年开始的快速上升和 2005 年出现的缓慢上升，和浙江省 2000 年后开始出现的集中城镇化趋势保持一致。

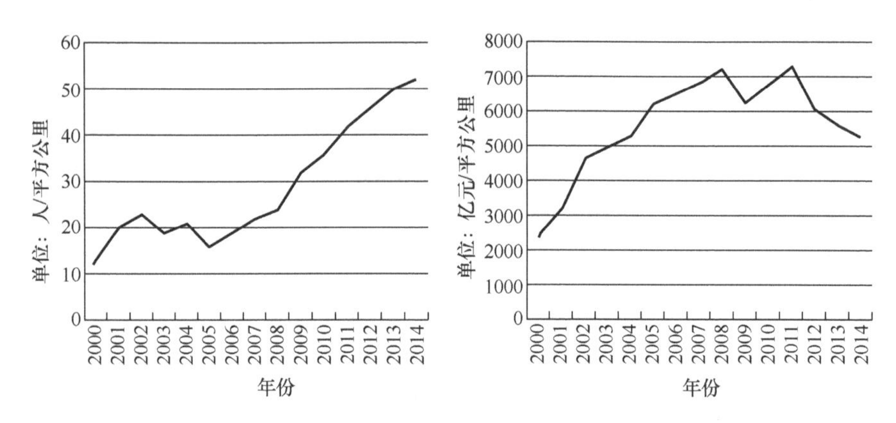

图 8-14　店口镇区建设用地历年土地利用集约度和土地利用效率示意图（2000—2014 年）

数据来源：2001—2015 年的《诸暨统计年鉴》和《浙江乡镇统计年鉴》。

另外，如表 8-10 所示，店口镇的土地利用集约度和土地利用效率与诸暨城区接近，甚至在一些年份还超过城区，说明店口镇的土地利用集约度和土地利用效率较高，已经不亚于城区土地利用。这一方面因为店口镇企业的劳动密集型特征，另一方面也因为店口镇企业具有稳定且集中的空间市场势力，能够保证生产规模，从而使得土地能够得到高效利用。高效的土地利用也是浙江省特色小城镇的优势所在。

表 8-10　店口镇历年土地利用集约度和土地利用效率

指标	年份			
	2000	2005	2010	2014
店口镇区土地利用集约度（单位：人 / 平方公里）	2481	5328	6812	5262
诸暨城区土地利用集约度（单位：人 / 平方公里）	11129	4137	11159	7523
店口镇区土地利用效率（单位：亿元 / 平方公里）	13	16	36	52
诸暨城区土地利用效率（单位：亿元 / 平方公里）	33	39	67	48

数据来源：2001—2015 年的《诸暨统计年鉴》和《浙江乡镇统计年鉴》。

8.2.9　店口镇相关规划对集中城镇化的响应

1. 诸暨市相关规划的响应

尽管店口镇在2000年后才开始快速发展，出现集中城镇化的趋势，但2000年前，诸暨市已开始重视店口镇的发展，提出把店口镇规划成为独立小城市的思路。1991年编制的《诸暨市土地利用总体规划》提出：至2010年，店口镇作为副中心城镇，城镇化水平达到92.5%，远高于大唐镇等其他乡镇。城区面积达到4.3平方公里，仅次于大唐镇。目前来看，城镇化率和规划城镇化率相符，镇区面积已远超规划面积，可见店口镇的集中城镇化动力比规划预测的还要强。

2006年编制的《诸暨市土地利用总体规划》针对店口镇建设用地增长过快的问题，提出了"存量用地内部挖潜"和"土地集约示范"的措施，安排多个城镇低效用地再开发项目，并在店口镇设立土地集约示范区。该措施仅在诸暨城区和大唐镇、店口镇实行，表明店口镇已经按照城市的定位进行规划，这是对集中城镇化特征的一种肯定。

1998年编制的《诸暨城镇体系规划》确定了诸暨"一个中心（中心城区）、两条轴线、六大城镇组群"的城镇体系，店口镇位居城镇组群之首位，而当时店口镇区人口仅1.8万，镇区面积仅3平方公里。由此可见，由于店口镇有良好的五金制造业发展背景，诸暨市在编制相关规划时优先考虑了其产业对城镇化的推动力，并准确预测了其集中城镇化的发展趋势。

2006年编制的《诸暨市域城镇体系规划》进一步明确了店口镇的全市次中心地位，并上升至诸北新城的高度，实际上已经独立于诸暨城区而独立发展，这是对店口镇强劲的城镇化动力和快速发展的城镇化水平的一种响应和预判。

1983年、1991年、1998年的《诸暨市城市总体规划》都将店口镇作为重要的中心镇定位，主要职能是工业。2006年的《诸暨市城市总体规划》把店口镇上升为和诸暨城区一样的综合城区的地位，可见规划对于店口镇的重视，这均源于店口镇空间市场势力集中所带来的强劲的集中城镇化动力。

2. 店口镇相关规划的响应

《诸暨市店口镇总体规划》提出："近期和中远期店口镇融入大杭州的轨道交通规划、按照诸北新城建设标准配置的各项基础设施、公共设施和环境设施规划以及城市空间规划。"由此可见，店口镇已经按照城市的标准进行规划，其对标中心城市是杭州，而不是诸暨城区。在用地功能结构中，如图 8–15 所示，镇区用地规模大幅增加，充分遵循了以镇区为中心、向四周农村地区扩散的思路，是集中城镇化特征的体现。新增用地除了包括工业用地外，主要为居住用地和生活服务业用地，充分利用了周边农村的新型社区，以为镇区企业的劳动力提供住宿。另外在镇区西南侧，规划了若干片生产服务业用地，为镇区企业提供服务。与现状工业用地多、居住用地和服务业用地少的工业区形式的镇区用地功能结构相比，该规划旨在增用地、调结构，以期充分利用店口镇区的集中城镇化动力，并努力建设成功能完善、产城一体的小城市。

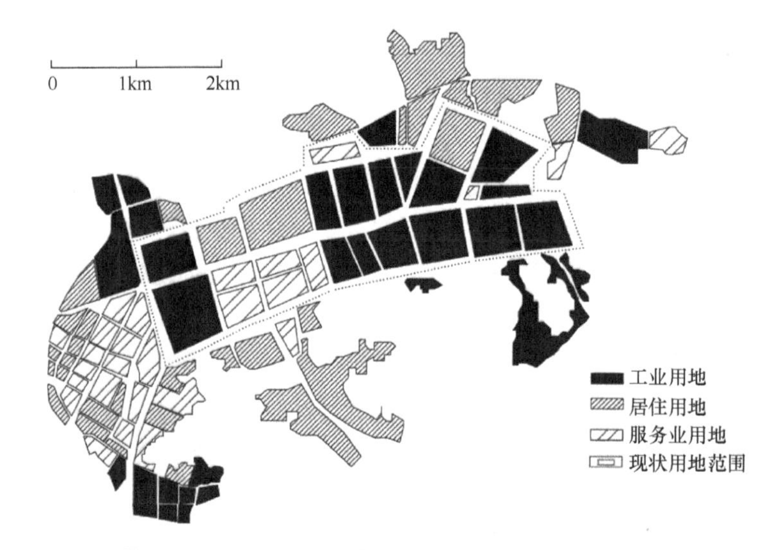

图 8–15　店口镇 2020 年规划城镇建设用地布局示意图

数据来源：根据《店口镇总体规划》和《店口镇土地利用总体规划》规划图改绘。

除总体规划外，店口镇还编制了一系列专项规划，包括《店口镇总体发展规划》《店口镇土地利用总体规划》《店口镇产业发展规划》《店口镇道路建设规划》《店口镇生态环境保护规划》《店口镇水利水系规划》等，这对于一个镇而言并不多见。尤其是 2006 年编制的《店口镇土地利用总体规划》已经对店口镇的城镇化发展趋势有了应对和预估，包括以下内容。

（1）企业和人口集中，提高土地集约利用度。规划提出“积极推进工业建设用地向园区集中，商业居住用地向镇区集中，农村人口逐步向城镇集中”，应对了店口镇集中城镇化的发展趋势。如图 8–16 所示，店口镇 2020 年的规划城镇建设用地边界显然是沿着既有镇区向四周扩散的，也将和镇区邻近的农村划入了镇区规划范围，这和集中城镇化中土地规模增长的特征相一致。

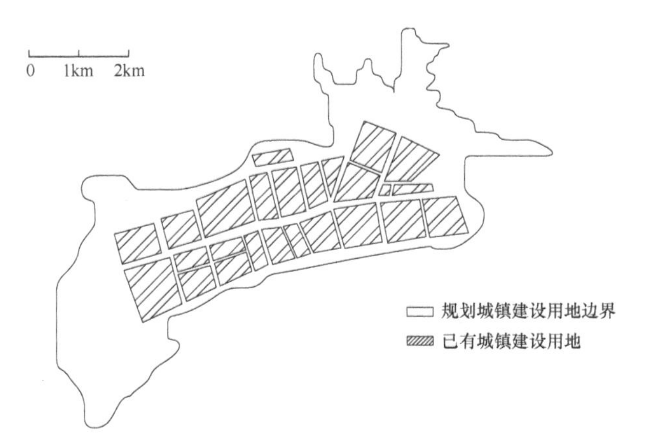

图 8-16　店口镇 2020 年规划城镇建设用地边界和镇区已有城镇建设用地对比示意图

数据来源：根据《店口镇土地利用总体规划》规划图改绘。

（2）控制用地增长，调整用地功能结构。针对镇区用地扩张较快的趋势，规划提出“到 2020 年末，城乡建设用地规模控制在 2095 公顷以内”，以提高土地集约利用度。为限制镇区建设用地扩张，规划主张“加大农村居民点用地整理力度，支持和引导农民相对集中建房，迁村并点、发展镇区与中心村，整治空心村”。这种农村用地集中整理的举措也符合店口镇区依托周边农村发展的特征。针对镇区工业用地扩张较快而其他用地扩张较慢的特征，规划指出“建设用地结构调整以严格控制建设用地总规模与城乡建设用地规模，优先保持交通、水利、能源等重点基础设施、建设用地”。这种策略一方面可促进用地均衡，另一方面也可以为外来劳动力提供更适合居住的用地。

总体而言，《店口镇土地利用总体规划》结合店口镇的产业发展特征和集中城镇化特征，提出“促集中、控总量、调结构”的土地利用战略，这是一种城市发展而不是园区发展的思路，符合店口镇向小城市发展的目标。

3. 店口镇相关政策的响应

政策响应主要体现在强镇扩权方面。店口镇 2007 年即开始强镇扩权举措，已放权 150 项行政审批事项，尤其是土地利用和规划建设方面。比如当时在店口镇成立了诸暨市规划局店口规划分局，增设新增或改建用地和建筑的规划审批，专门服务于当地企业的建设需求。将店口国土资源所改为店口国土资源分局，增设农村私人宅基地、农转非用地和企业用地审批等权限，直接服务于当地企业的用地扩张和农村的农用地整理、转型和集中等需求。2014 年诸暨市政府出台《诸暨市店口镇小城市培育试点三年行动计划》，强调店口镇市域副中心的定位，加强城建资金和土地指标配套。对店口镇设市的大力扶持，体现出店口镇特有的集中城镇化过程的发展优势和潜力。

8.3 大唐镇城镇化过程特征

8.3.1 大唐镇城镇化过程总体特征

大唐镇是诸暨市一个以袜业为主导的工贸镇，也是一个市场经济主导下由乡村经济逐步成长起来的分散城镇化的典型镇，代表了浙江省块状经济的发展历程。大唐镇东连诸暨城区，靠近杭金衢高速公路，区位条件较好。大唐镇最早于20世纪70年代开始在农村创办袜业加工厂，并在20世纪80年代逐步形成家家户户办作坊的特色。之后镇区出现大批店铺，自发形成了袜业市场，从而形成了产销一体化的浙江省典型的块状经济模式。大唐镇区由于店铺的聚集也因此逐步发展起来，增加了生产服务业和生活服务业功能，而不再仅仅是行政中心。20世纪90年代大唐镇建立了袜业市场，还把部分散布在各村的小型加工厂整合在大唐工业园区内，形成了袜业产销一体的产业集群。

根据2014年《浙江乡镇统计年鉴》统计：大唐镇企业数量较多，总数为8021个，在全省所有乡镇列第9位；产业净收益率为9%，工业总产值470亿元，在全省所有乡镇列第124位，并不算高；人均产值43.7万元，在全省所有乡镇列第40位，说明劳动密集的产业特征较为典型；企业年均产值265万元，在全省所有乡镇列第417位，说明企业规模很小；常住人口5.4万人，其中外来人口高达7.2万人，外来人口超过常住人口，说明人口流动性较强；镇区面积达8.6平方公里，镇区人口达2.8万人，人口居住在镇区的比重达51.5%，在全省所有乡镇列第109位，说明人口仍然主要居住在农村；非农就业人口比重高达94.2%，在全省所有乡镇列第34位，处于较高水平。从该组数据可以看出，大唐镇是一个产业水平较高的镇，不仅吸引了大批企业，也吸引了大批外来劳动力，因此非农化水平很高。但企业和劳动力的分布较为分散，企业规模小且数量多，劳动力分散于农村就业，镇区主要发挥袜业市场和企业服务功能，而非就业地和居住地功能，和店口镇迥然不同，从而形成了分散城镇化的总体特征。

8.3.2 大唐镇产业类型特征

大唐镇的产业类型以制袜业为主。制袜业的特点是劳动密集型、产量高、品种多、生产工艺简单，因此小企业也可以胜任生产任务。由于袜子的需求量大且对生产技术要求不高，因此制袜业能够获得较大规模的市场份额，也没有合并成为大企业的需求。因此大唐镇的制袜业仍保持了小工厂加工的生产方式，且多为订单代工生产，较少有自有品牌。而且制袜业市场波动性较强，利润率较低，生产风险较高，因此少有大企业，从而形成企业空间市场势力小而分散的格局。

以下利用指标来衡量浙江全省的服装纺织业，从而分析大唐镇制袜业的特征，因为大唐镇是浙江全省服装纺织业的主要集中地区。衡量的指标包括企业亏损率、单位企业固定资产净值、单位企业产值、单位企业销售额。其中企业亏损率为亏损企业数量和全部企业数量的比值。数据来源于《浙江 60 年统计资料汇编》各行业企业经济指标，时间跨度为 1999—2008 年，这也是浙江省开始出现集中城镇化趋势的时期。测度结果如图 8-17 ～图 8-20 所示。

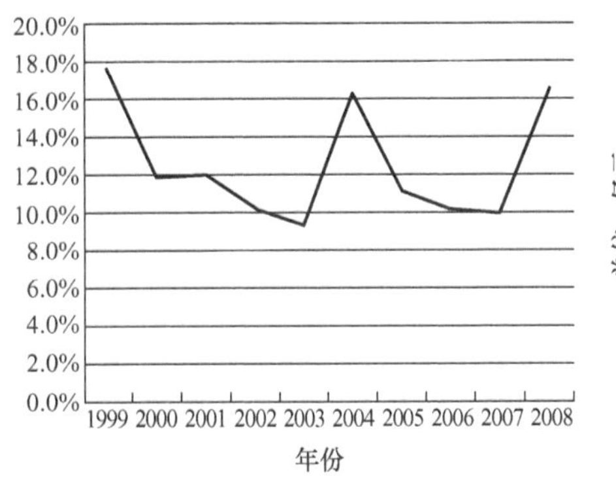

图 8-17　历年服装纺织企业亏损率

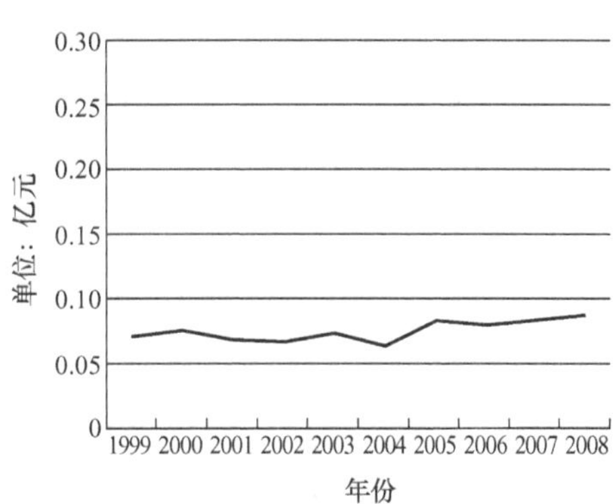

图 8-18　历年服装纺织单位企业固定资产净值

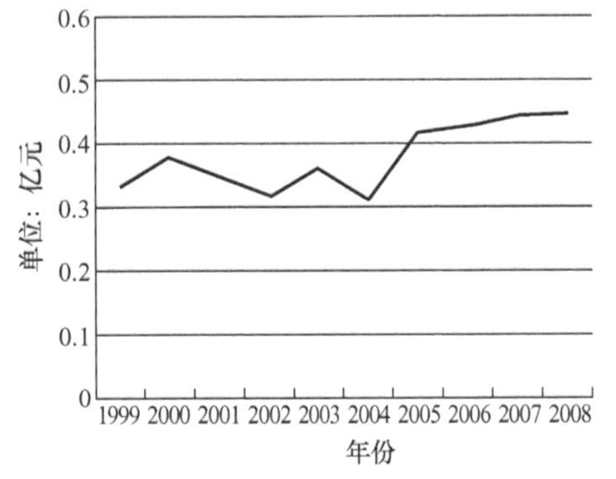

图 8-19　历年服装纺织单位企业产值

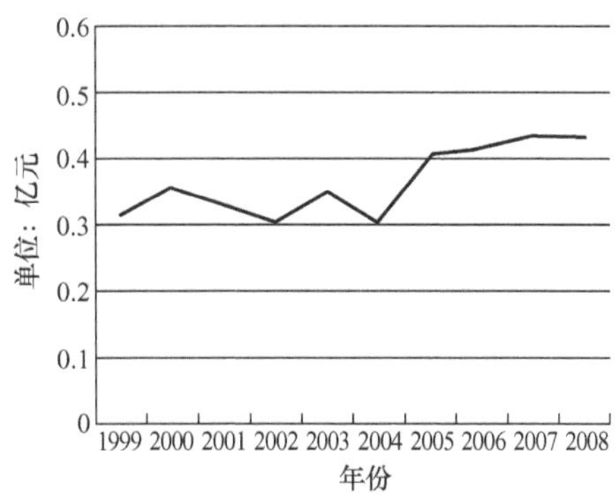

图 8-20　历年服装纺织单位企业销售额

从该结果可知：

（1）历年服装纺织企业亏损率逐年下降，但从2003年开始逐年上升，之后出现下降，2007年后又开始上升，说明2003年以前中小企业较多且大多可以盈利；2003年开始亏损企业增多，经历了一个上升过程后又开始下降。整体曲线波动性较强且亏损率较高，说明服装纺织业的市场波动性较强，企业利润率低，所以大企业难以生存，多以小企业的方式运营。

（2）历年服装纺织单位企业固定资产净值比较平稳，保持在1000万元以下，说明企业规模普遍较小，且没有出现过企业合并现象。

（3）历年服装纺织单位企业产值和历年服装纺织单位企业销售额呈现波动状态，且产值和销售额均在5000万元以下，说明企业规模小，生产能力有限。

总的来看，浙江制袜产业的发展趋势是维持小企业生产的形式，企业利润率低，且受市场波动影响难以产生企业合并现象。该产业发展过程难以集中并扩大企业的空间市场势力，从而无法出现集中城镇化趋势，只能维持分散城镇化的状态。

8.3.3 大唐镇城镇化空间市场势力特征

1. 早期空间市场势力分散且微弱，形成就地城镇化

大唐镇城镇化的空间市场势力来源于20世纪80年代分散在农村地区的手工袜业作坊。早期的订单来源于义乌兴起的小商品市场对袜子的需求，不足的产能促使农民开始自己生产袜子。由于当时的农民还不能正式从事非农生产，因此制袜都采取家庭小作坊生产的形式，农民的主业还是种地。之所以从事制袜生产，是因为制袜相对简单，可以以家庭为单位进行。这种兼业制的生产形式非常灵活，一旦有订单，农民就开动织袜机生产，即使产量不大，各家生产的袜子集合在一起也很可观。如果没有订单需求，农民仍然可以种地。由此可见，制袜可以被看作农民的副业，收益并不可观，主要用来贴补家用。由于制袜的利润微薄，而农民参与的是制袜的分工环节，因此其空间市场势力很微弱，而且很分散，不能形成明显的城镇化过程，主要为就地城镇化，农民没有完全脱离农业生产。

2. 20世纪90年代出现农村工厂，空间市场势力增大但仍分散

从20世纪90年代开始，随着市场经济的发展，以及浙江省小商品产业的兴盛和义乌小商品市场的扩大，订单扩大到全国范围，大唐镇的袜业也逐渐步

入新阶段，即开始出现专门的制袜企业。企业由之前的制袜大户演变而来，并集合了一些家庭作坊，形成了农村工厂，仍然分布于广大农村地区。这个时期的企业规模扩大来自企业主合并了一些家庭的织袜机和劳动力，统一生产和发货，是一种简单的规模扩大方式，而没有产业升级的行为，因此劳动力仍以本地农民为主，企业对服务业的需求不高。在这个时期，虽然制袜业产值提高，袜业企业集群的空间市场势力也相应增大，但简单的生产方式和遍布的企业布局仍然使大唐镇具有分散城镇化特征，缺乏形成城市的动力。

3. 2000 年后专业市场形成，具有集中城镇化趋势，镇区快速发展

由于袜业规模逐渐扩大，出现了一些专业商人，聚集在镇区，自发形成了袜业市场，商人的主要业务为寻找各地订单、批发产品和组织生产。这些专业商人大部分同时也是袜厂的企业主，从而形成了前店后厂模式。相比 20 世纪 90 年代的生产大户，前店后厂模式有利于企业了解市场需求信息，扩展市场销售渠道，从而获得更多订单，并能够掌握市场动态。2000 年以来，专业市场的形成吸引了各地的袜业批发商，从而带动了镇区的生产服务业和生活服务业的发展，如仓储、物流、酒店、餐饮、银行等。

然而，服务业的集聚并不能带来企业和劳动力的集聚，因为大唐镇的主要产业仍然是袜业生产而非经销，其所吸引的劳动力仍然主要从事制袜而不是销售。制袜相比经销，之所以没有形成集聚，在于制袜的工序简单，对生产设备和环节要求不高，农村的中小企业只要更新织袜机即可，而不像店口镇的五金制造业那样需要更大规模的生产车间和生产设备。而且袜子属于轻便小巧的产品，不占用较大的存储空间，运输容易，对仓库和物流的要求也不高。因此前店后厂模式的企业主仍然倾向于将工厂设在自己农村的老家，而不进入镇区，因为镇区的生产成本显然高于农村。如在大唐镇较为盛行的“三合一”企业就是企业主在自家楼房中的 1 ～ 2 层设置厂房，3 ～ 4 层设置仓库，5 ～ 6 层为员工宿舍。这样不仅节省了成本，而且方便了生产。大唐镇“家家办工厂”的局面直到 21 世纪也没有改观，制袜业的空间市场势力也因而分散于全镇，没有集中的趋势。如图 8–21 所示，大唐镇的镇区常住人口远远低于店口镇。从表 8–11 可知，大唐镇的城镇化集中度不高，远低于店口镇，且增长缓慢，分散城镇化特征明显。因此大唐镇制造业规模虽然很大，总体空间市场势力很强，但分散于各个中小企业而没有集聚。服务业空间市场势力有集聚但对劳动力的吸引有限，劳动力主要分散于农村地区，而没有进入镇区的意愿。

表 8-11　大唐镇历年城镇化集中度

年份	2000	2005	2010	2014
城镇化集中度	27%	32%	38%	43%

数据来源：《诸暨统计年鉴》。

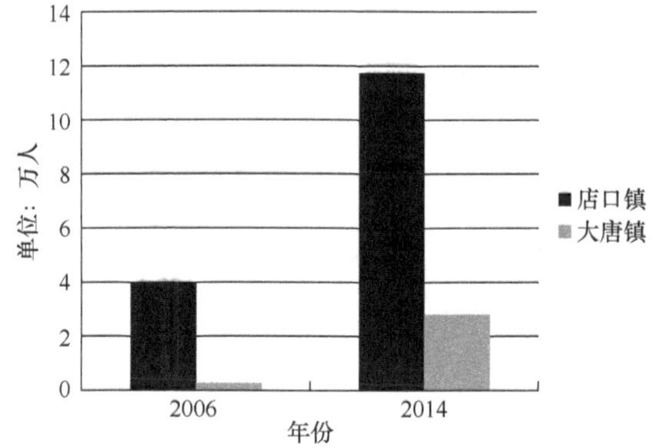

图 8-21　店口镇和大唐镇 2006 年和 2014 年镇区常住人口对比

数据来源：《浙江乡镇统计年鉴》。

8.3.4　大唐镇城镇化市场结构特征

大唐镇城镇化的市场结构是典型的垄断竞争，企业遍布农村地区，空间市场势力较为分散，难以形成集聚。2014 年《浙江乡镇统计年鉴》统计数据显示，大唐镇的企业总数较多，为 8021 个，企业平均人数仅 41 人，企业平均产值 265 万元，人均产值 43.7 万元，说明同类型的中小企业较多，彼此之间是竞争关系，产品之间有差异但不大，品牌优势不突出。竞争企业为了规避市场风险，不会进一步合并或扩大规模为大企业，而是保持现状，因此也不会产生空间集聚的趋势，造成市场份额无法集中，不会吸引服务业企业和劳动力进一步集聚，也就缺乏了集中城镇化动力。

为了进一步验证该判断，特别选取大唐镇几家相对大型的制袜企业，包括丹吉娅袜业、锦裕针织、森威特针织和美邦针织，以此来计算这些企业的 CR_4 指数，以测度其市场集中度。计算方法为 4 家企业的历年经营收入总额和全镇企业经营收入总额之比，以及 4 家企业的历年劳动力人数和全镇劳动力人数之比。数据来自大唐镇政府提供的历年统计报表。测度结果如表 8-12 所示。

表 8-12　大唐镇 4 家上市企业历年营收和劳动力 CR_4 测度结果　　单位：%

年份	4 家企业劳动力 CR_4	4 家企业营收 CR_4
2006	5.2	4.8
2007	6.7	6.4
2008	8.3	7.2
2009	9.5	8.1
2010	12	8.4
2011	12.4	9.2
2012	14.2	18
2013	13.6	11.3
2014	15.2	12.5

数据来源：大唐镇历年统计报表。

从 CR_4 结果不难看出，大唐镇 4 家企业在全镇的袜业制造市场及劳动力市场中垄断性较低，远低于店口镇的 CR_4 数据，因而验证了大唐镇的垄断竞争市场结构。历年的 CR_4 值在逐渐升高，也说明市场集中度在不断升高，这和其产业转型有关，因为一方面袜业市场的成立带动了企业的生产，另一方面近年来大唐镇政府开始疏导企业向工业园区集中，并鼓励企业合并后成立大型的品牌企业。劳动力 CR_4 始终大于营收 CR_4，证明企业仍然属于劳动密集型，且为微利企业。如图 8-22 所示，在 2008—2010 年，劳动力 CR_4 的增速超过了营收

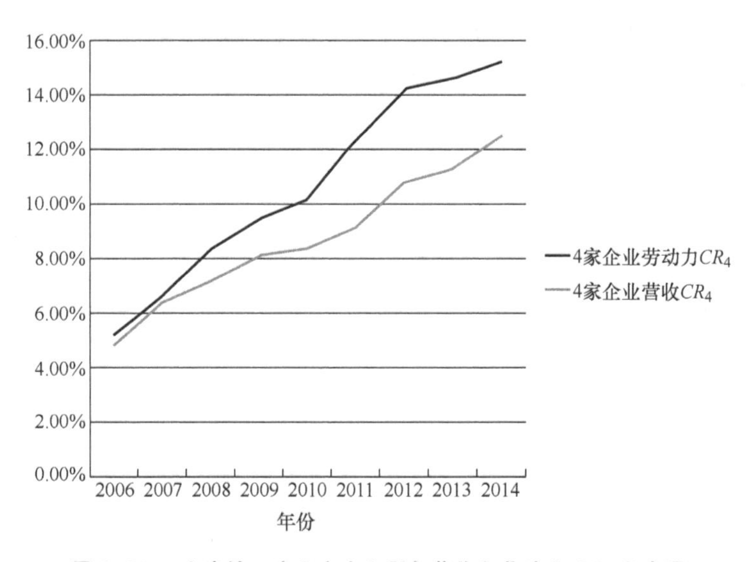

图 8-22　大唐镇 4 家上市企业历年营收和劳动力 CR_4 示意图

CR_4 的增速，证明该时间内劳动力的聚集能力很强，也表明企业对劳动力的需求很大。2012 年以后营收 CR_4 的增速超过了劳动力 CR_4 的增速，表明企业分工结构发生改变，从劳动力密集开始趋于技术密集，这也和市场集中度在不断升高的趋势相一致。这 4 家企业都不在镇区，而是仍旧在各自农村的起源地，因而无法形成袜业产业集群。

8.3.5 大唐镇城镇化的企业市场行为特征

大唐镇城镇化的企业市场行为特征主要是各中小企业选择保持已有市场势力，缺乏规模扩张。袜子的利润微薄且生产工艺简单，因此各中小企业都选择自行生产，无企业合并的需求，也没有扩大企业规模的需求，因而也没有发起分工的需求。因为企业规模扩大以后，对土地、原材料和劳动力的需求都上涨，成本因而增加，而袜业市场的波动性较强，需求价格弹性高，竞争性提高，无法像店口镇一样形成稳定而成规模的订单，制袜企业还需自身从事市场营销，销售风险大，因而企业规模扩大对于制袜业而言并不合算。近年来，随着义乌小商品市场的繁荣和义乌知名袜业品牌的出现，大唐镇的制袜企业更多是为义乌的袜业品牌做代工，从而减轻了市场营销的风险，变成了产业链上游的生产商。即使再大批量的订单，在大唐镇都可以由各企业分解生产，再统一交付客户，因而现有的企业生产形态完全可以满足市场需求。因此从 20 世纪 90 年代到至今，大唐镇的制袜企业都没有太多规模扩张行为，而以保持现有的垄断竞争结构为主。

为了进一步考察企业市场行为特征，特对大唐镇的企业展开调查，通过调查结果来掌握企业市场行为特征。调查对象为大唐镇某袜业、企业主。调查主要为访谈方式。

对企业主的访谈如下所示，访谈内容当场记录并经过加工整理。

访谈记录 3 对大唐镇某袜业企业的访谈

访谈对象：大唐镇某袜业企业主

问：请您简单谈谈企业的发展历程。

答：我们企业最早是在我们村里自家的作坊里。那时候大概是八几年，市场上袜子比较少，所以我们村的农民都买了织袜机自己生产，然后到诸暨或绍兴其他地方去卖。时间长了就有人来我们村里收购袜子，有义乌过来的商人，也有我们绍兴本地的。他们都是拿到浙江其他地方或外省去卖，卖的价格很高，但收购价格很低。因此后来我们村里的人就把袜子拿到大唐镇上去卖，可以批发给各地过来的经销商，比单纯卖给到村里收购的商人价格要高一些。所以后来我和我家里人分工，我在家里管生产，家里人在镇上的市场守摊。后来我们也注册了企业，但这种经营方式一直保持到现在。

问：企业规模和业绩如何，除了制袜还有没有其他业务？

答：目前企业有5台织袜机，工人常住的有十来个，临时工人二三十个，总共加起来四五十人吧。由于我们现在主要是给义乌的几家大企业做加工订单，因此目前的规模也够用了。如果订单量大，我们会分给村里其他几家企业一起生产，因为他们的织袜机跟我们一样，企业规模也相同，生产工序也差不多，所以产品比较类似。因为我们关系都很好，所以这种互相分享订单的方式也比较固定。业绩目前还可以，虽然订单比较多，但现在我们的袜子卖得便宜，竞争又比较激烈，所以利润也不太高。尤其是现在大唐镇里的市场很难接到订单，都是一些小的批发商来光顾。基于这种情况，我们目前也在考虑生产一些其他纺织品，如内衣、毛巾一类的，也是因为义乌那边的小商品市场有些商人有这方面的需求，我们也在接这些订单。

问：企业为什么不搬入镇区？未来企业还会搬到诸暨城区或其他地方吗？

答：因为搬到镇区土地成本比较高，而且我们生产也不需要到镇区去。像我们村离高速公路比较近，如果发货可以直接在门口装车发走，不需要到镇区的物流中心去发货。我们企业本来就有一辆卡车，发一次订单的货完全够用。未来我们也不计划搬到其他地方，因为现在的厂房用的是我们自己的宅基地和村里的集体土地，如果搬到其他地方，土地成本太高。

问：企业员工的就业条件和待遇如何？能够在企业长期就业吗？

答：目前企业员工不多，所以也比较好安排，目前有住厂房楼上的，也有住厂房旁边的民房的。由于我们主要是接订单生产，所以我们给工人每月只发基本工资，这个不算高，如果来订单了就再算计件工资。基本工资和计件工资加起来就是他们的收入，目前来看一年在5万～8万元，大唐镇其他企业也差不多这个水平。由于生产时间不固定，所以他们不生产时就做点其他零工，也有一些农民还在种地。所以我们跟员工有些签了用工协议，有些没有签。签了用工协议的主要都是家不在这里的劳动力，也是镇政府的要求，没签用工协议的主要是本地农民，有订单就喊他们过来上班，没有订单他们就回家。

问：有没有想过对袜子的品种和质量再提升一下？

答：这个问题我也想过，因为目前市场上的袜子品种和质量都差不多，尤其是一些本地小品牌的袜子和大品牌的袜子还是没法比，所以我们在市场上都是供应一些淘宝网店，供应实体店比较少。提升品种和质量也比较困难，因为我们现在生产都是靠过去的一些经验以及模仿一些市场上的先进品种，单凭我们自己的技术力量很难提升，因为需要付出额外的成本，我们这里的企业都不太愿意。说实话我们这边的企业生产的袜子都是跟着市场走，市场上热销什么我们就生产什么，织袜机也都一样，我们自己不会去重新设计，也不会再去买新设备。有时候是义乌那边的大品牌发订单给我们，拿袜样过来，我们仿制。因为毕竟这一行的市场现在不好做，如果增加投入的话，对我们来说风险比较大。

问：家里的耕地还种吗？

答：家里的地还有一些，但自己家里人已经不种了，没有那个时间，现在主要租给村里的老年人种一种，年底他们会给我们一点费用。这些老年人有些也是我们厂里的工人。

问：现在住农村家里还是大唐镇区？

答：现在还是住在农村自己家里，主要是方便安排生产和发货。我们村里人也大多这样，基本不住大唐镇上。村里人大多在诸暨城区有房子，有时候也会到那边住，因为大唐镇离诸暨城区比较近。

从访谈可知，当地企业有着本地化、规模小、订单制生产、雇佣方式灵活、产品种类多样、产品工艺简单、薄利多销等特征，是典型的垄断竞争市场。因此各企业目前的市场行为主要是保持现有的市场份额，而没有过多的其他行为，这也是降低市场风险的一种方式。而劳动力也采取了同样的市场选择行为，为了降低市场风险，普遍采取临时雇佣的方式，并多有兼业特征，而且多住在企业附近，以降低成本。较低的空间市场势力使得企业和劳动力都无法完全投入到袜业生产中，而是从事更加多元的工作：企业主要从事制造、销售和投资，而劳动力主要从事企业打工和农业生产。由于大唐镇的生产和经营活动较多，因此目前较少有人种植耕地。另外为了方便自己的生产和经营行为，前店后厂模式的企业主多选择住在农村，而不是住在镇区。

8.3.6 大唐镇城镇化的劳动力市场行为特征

劳动力的市场行为主要为流动性就业和兼业。由于制袜企业的分散且规模小，对劳动力的需求不高，合同雇佣制的打工方式在大唐镇并不多见，而以零散打工制为主，即劳动力在企业就业时间不长，且流动性强，经常出现劳动力在不同企业之间流动的情况。另外劳动力以本地农民居多，部分农民还兼顾农业生产或其他小生意，因而有兼业特征。袜子利润微薄也导致劳动力的工资水平不高，因而劳动力主要居住在农村地区的企业内部或周边农房，居住在镇区的较少。

1. 劳动力市场行为的问卷调查结果

对大唐镇制袜企业劳动力进一步进行问卷调查，主要为某制袜企业的员工。问卷调查结果主要包括以下几个特点。

（1）就业特征：88% 的受访对象为中学以下教育程度，表明劳动力的受教育程度不高，符合之前对浙江省劳动力受教育程度的描述，也说明目前制袜业仍是低端产业，对劳动力要求不高。92% 的受访对象年收入在 5 万～ 10 万元的区间，高于一般农民收入的 2.5 万元，但也很少有突破 10 万元的。这两项结果的比例均高于店口镇，也表明制袜业的劳动密集程度和微利程度均高于五金制造业。收入来源主要为务工或经商，约为 95%，其中两项都选的约为 68%，说明兼业特征比较明显。

（2）就业地选择：受访对象的就业地大多在农村，居住地主要为镇区周边的农村，占 74%。通勤时间不定，0.5 小时以下的占 55%，33% 在 0.5 ～ 1 小时之间，12% 在 1 小时以上。外来劳动力的就业地和居住地较近，通勤时间较短，主要原因是企业为外地劳动力安排了农村宿舍，一般就位于厂房楼上，也是大唐镇典型的“三合一”企业特征。本地劳动力由于兼业特征明显，因此通勤时间不固定。通勤时间不固定也是分散城镇化所表现出来的特征。

（3）居住地选择：在对于居住地的选择中，87% 的受访对象选择居住在农村和新型社区；8% 的受访对象选择居住在城市，主要因为大唐镇离诸暨城区较近；仅有 5% 的受访对象选择居住在镇区，而且多为在镇区搞服务经营的业主。居住在农村的原因主要为生活习惯和自家房屋，居住在城市的原因主要为教育和医疗。多数受访对象居住在农村和新型社区的原因在于镇区主要产业功能为商贸、物流等生产服务业，生活服务业相对较弱，而且目前镇区规模较小，仅为 3.4 平方公里，居住用地也偏少，难以容纳人口居住。这也和之前劳动力在镇区居住的影响因子的测度结果相符，即镇区规模和服务水平影响了劳动力的选择行为。但通过问卷调查和访谈可以发现，大多数农民对自己目前的生活比较满意，也没有进入城市生活的强烈意愿。

（4）耕地选择：对于耕地，88% 的农民选择出租，12% 的农民选择自己种植，说明大部分农村劳动力已经脱离了农业生产，实际已完成了非农化过程，只是身份仍未转变。94% 的农民都选择不放弃耕地进城，说明农民并没有放弃耕地进城落户的打算，仍然希望保留耕地。

2. 问卷调查结果的相关性分析

对问卷调查结果的城镇化影响因子进行相关性分析，以了解各影响因子之间的互相联系，从而在一定范围内进一步判断城镇化过程特征如何影响劳动力市场行为的逻辑性。影响因子包括：职业、居住地、年收入、收入来源、工作地、通勤时间、希望生活地、耕地状态、放弃耕地进城意愿。对问卷调查结果进行数据处理后利用 SPSS 20 的相关性分析工具进行分析，采用 Pearson 相关法。对拟合系数 R^2 值过低或统计误差 sig 值高于 0.05 的结果进行舍弃，保留分析结果如表 8–13 所示。

表 8–13　大唐镇劳动力城镇化影响因子相关性分析（括号外为 R^2 值，括号内为 sig 值）

影响因子	年收入	收入来源	工作地	放弃耕地进城意愿
居住地	0.417 （0.022）	—	0.412 （0.024）	—
年收入	—	0.361 （0.050）	0.435 （0.016）	—
耕地状态	—	—	—	0.494 （0.009）

从结果不难发现，职业、通勤时间这些就业相关的影响因子和希望生活地这些居住相关的影响因子并无相关性，表明这些影响因子对劳动力的市场行为影响不大。原因在于在分散城镇化中，受调查劳动力对象的就业形式多样且兼业，居住地和工作地无直接依附关系，因此职业和通勤时间的关系并不显著。

在其余影响因子中，居住地和年收入正相关，即收入越低则居住在农村，收入越高则居住在城区，这和大唐镇的劳动力分布现状相一致。由于大唐镇劳动力的年收入普遍不高，居住在农村比较常见。居住地和工作地呈正相关，即工作在农村则居住在农村、工作在城区则居住在城区，也和大唐镇的劳动力分布现状相一致。年收入和收入来源呈正相关，即从事种植和打工的收入较低，而从事经营的收入较高，与由企业主和打工人群组成的大唐镇劳动力二元结构一致。年收入和工作地呈正相关，也与企业主和打工人群组成的大唐镇劳动力二元结构一致，即打工农民工作在农村，收入较低，而经营的企业主工作在镇区或城区，收入较高。耕地状态和放弃耕地进城意愿呈正相关，即仍然耕种的耕地倾向于保留，而不再耕种的耕地倾向于流转，前者代表了当地农民，后者代表了企业主。由此可见，大唐镇劳动力的这种二元结构使得劳动力的空间分布趋于分散，打工农民工作和生活皆在农村，而经营的企业主工作和生活在镇区或城区，映证了大唐镇的分散城镇化特征。

3. 问卷调查结果的聚类分析

对问卷调查结果的城镇化影响因子进行聚类分析，从而对劳动力的市场行为进行分类，进一步判断城镇化过程特征如何影响劳动力市场行为的逻辑性。影响因子包括：职业、居住地、年收入、收入来源、工作地、通勤时间、希望生活地、耕地状态、放弃耕地进城意愿。对问卷调查结果进行数据处理后利用 SPSS 20 的聚类分析工具进行分析，采用 K-means 聚类法，最终分为两类。分析结果如表 8-14 所示。

表 8-14　大唐镇劳动力城镇化影响因子聚类分析

影响因子	第 1 类劳动力	第 2 类劳动力
职业	企业员工	生意人
居住地	农村	农村
年收入	5 万元以下	10 万～ 20 万元
收入来源	打工	经商
工作地	农村	镇区
通勤时间	0.5 ～ 1 小时	1 ～ 1.5 小时
希望生活地	新型社区	新型社区
耕地状态	合作种植	出租
放弃耕地意愿	不放弃耕地，进城居住	放弃耕地，不进城居住

从该聚类结果来看，两类劳动力的聚类划分映证了大唐镇存在的劳动力二元结构，区别主要是职业，即第 1 类劳动力的打工农民和第 2 类劳动力的企业主。第 1 类劳动力的工作地和居住地都在农村，收入不高，明显是依附于企业，通勤时间短证明活动不频繁，且没有放弃农业生产。第 2 类劳动力的工作地是镇区而居住地是农村，收入较高，通勤时间长证明在农村和镇区之间活动频繁，已经放弃耕地和农业生产。两类劳动力都没有进镇居住的倾向，说明大唐镇区并没有达到城市标准，且不适合当地劳动力的生产生活习惯，体现出分散城镇化对劳动力市场行为的影响。

4. 当地农民市场行为特征

由于劳动力仍以当地农民为主，大多住在镇区周边农村，因此对周边农村的当地农民展开调查。访谈内容当场记录并经过加工整理。

访谈记录4　对大唐镇楼家村农民的访谈

访谈对象：楼家村农民

问：请问你是本地农民吗？

答：是的，我就是本地人，这是我的房子。

问：请问你的职业？

答：以前在家里开织袜机生产袜子。现在年纪大了自己不做了，主要在镇上工业区的厂子里打工，领点工资。然后在镇上还有点小生意，主要搞餐饮。

问：如何兼顾这些工作？

答：打工是我和老伴去，一般厂里来订单了会叫我们，没订单了我们也不去。我们不是正式工人，都是临时过去帮忙的。没事的时候我们就种种地。镇上的餐饮生意是子女在搞，我们不参与。

问：现在还种地吗？

答：大部分都租给别人种了，自己还留点地种菜。

问：以后会搬到镇区或市区住吗？

答：搬到镇区没必要，离得很近，镇区生活也不方便，房子又贵，不合算。市区我们有房子，都是孩子在那边住，我们也住不习惯。

从该访谈可知，当地农民的收入结构较为多元，包括打工、经营和农业生产收入，存在兼业特征。这种现象在当地较为普遍，也保障了农民的收入。打工和经营行为也主要针对镇区的企业生产。从居住地而言，住在农村无疑是最优化的选择，因为农村靠近镇区，方便了农民去镇区开展经营活动。而镇区的生活配套并不适合农民生活。由此可见，在分散城镇化的背景下，即使大唐镇区发展较快，当地农民仍然倾向于选择就近城镇化的方式。

8.3.7　大唐镇城镇化市场绩效特征

1. 企业市场绩效特征

衡量企业市场绩效特征的主要是收益率。由于大唐镇企业主要为垄断竞争企业，因此选取了相对规模较大的几家企业：丹吉娅袜业、锦裕针织、森威特针织和美邦针织，以考察其市场绩效情况。数据来源于大唐镇各企业统计报表，结果如表8-15和表8-16所示。

表 8-15 大唐镇企业收益率 单位：%

企业	年份					均值
	2010	2011	2012	2013	2014	
丹吉娅袜业	10.4	9.2	6.3	7.8	4.6	7.66
锦裕针织	5.6	6.4	9.3	8.2	9.4	7.78
森威特针织	7.3	6.5	8.4	9.6	11.2	8.6
美邦针织	9.3	4.6	7.2	5.4	6.5	6.6

表 8-16 大唐镇企业生产成本 单位：万元

企业	年份					均值
	2010	2011	2012	2013	2014	
丹吉娅袜业	454	461	484	518	529	489.2
锦裕针织	493	475	469	478	492	481.4
森威特针织	501	498	521	587	542	529.8
美邦针织	519	535	477	484	512	505.4

从各企业收益率可以看出，大唐镇企业的收益率并不高，虽然超出正常企业 5% 的收益率，但低于店口镇企业 10% 的收益率，说明其空间市场势力并不强，市场份额不高。各企业的收益率近似，说明企业同质化特征明显。收益率在近 5 年内出现波动，说明制袜企业仍然受到市场影响，收益并不稳定。从各企业生产成本可以看出，近 5 年来成本比较平稳，表明企业并无明显的规模扩张行为，主要是维持现有的企业规模，并在此基础上缓慢发展。由于缺乏规模扩张，企业对劳动力的需求也不强，因而无法形成劳动力的聚集。如果收益率继续下降并跌破 5%，则大唐镇企业规模将缩小，劳动力和生活服务业的规模也将缩小。

2. 劳动力市场绩效特征

劳动力的市场绩效特征仍然是通过劳动力的收入水平和收入结构来考察。收入水平可以反映劳动力的盈利情况，收入结构可以反映劳动力的就业情况。因此选取 2010—2014 年大唐镇企业平均工资水平，并和全省平均水平作比较，如表 8-17 所示。

表 8-17　大唐镇企业平均工资水平和全省平均工资水平对比　单位：万元 / 人

平均工资水平	年份					均值
	2010	2011	2012	2013	2014	
全省	3.60	4.18	4.76	5.21	5.66	4.68
大唐镇	4.83	5.12	6.83	7.12	7.34	6.25

数据来源：大唐镇各企业统计报表。

从该结果不难看出，大唐镇平均工资水平多处于 5 万～ 8 万元的区间之中，高于全省平均工资水平，这也是为何大唐镇能吸引劳动力的原因，但由于其分散城镇化特征和较低的盈利区间，吸引劳动力的能力有限，不如店口镇对劳动力的吸引力强。另外，问卷调查结果显示，收入来源主要为务工或经商，约为 95%，其中两项都选的约为 68%，这说明劳动力的收入结构较为多样，除工资外还有其他收入来源，兼业特征明显。兼业的原因也和其收入有关。由于盈利区间较小，劳动力通过务工并不能获得较高的收入，因而还会选择其他形式的收入来源。从其通勤时间也可以看出，务工劳动力的通勤时间较短，少于 0.5 小时，而兼业劳动力的通勤时间较长，在 1 小时左右，因为其要在多个就业地之间移动。另外，前店后厂模式也使得大唐镇的袜业企业主大多身兼生产和销售两种职能，需要在工厂和镇区市场之间移动。

从劳动力的生活质量来看，问卷调查结果显示，主要的生活质量不足在于环境较差、住房简陋和设施不全，比例分别占 78%、75% 和 81%，这说明大多数的劳动力对生活质量并不满意。不满意的原因包括三个方面。第一个方面是收入水平，因为劳动力为了节省成本，主要选择居住在企业的员工宿舍，宿舍多与厂房在一起。第二个方面是公共服务水平，如环境较差、住房简陋和设施不全均和服务水平有关，而大唐镇区生产服务业发达而生活服务业较少，使得城市功能有欠缺。第三个方面是由于大唐镇距离诸暨城区较近，可以依赖诸暨城区的生活服务业，因此自身的服务水平较低。

8.3.8　空间市场势力对大唐镇城镇土地利用的影响

1. 对城镇用地规模的影响

大唐镇区的用地规模在 2000 年前较小，仅为不足 3 平方公里，2000 年后在袜业市场的带动下不断扩张，如图 8-23 所示。2014 年已经增长至 8.6 平方公里，仅次于店口镇，在全市乡镇中排名靠前。原因在于袜业市场的成立增加了交易，形成了新的空间市场势力，吸引了袜业商人和相关服务业企业入驻大唐镇区，从而有利于市场功能外的其他功能的用地扩张。但大唐镇区的用地规模增长依然缓慢，年均用地增长速度为 7%，远低于店口镇，说明大唐镇缺乏店口镇快速的集中城镇化动力，而分散城镇化特征明显。

图 8-23　大唐镇区历年用地演变示意图（2000 年，2005 年，2014 年）

数据来源：根据《诸暨市总体规划 2015》和《大唐镇总体规划 2009》大唐镇区用地现状改绘。

如图 8-24 所示，大唐镇区的用地规模增长经历了两个过程。第一个过程是 2000 年后的缓慢增长期，这和浙江省 2000 年后所出现的集中城镇化趋势一致。该时期的用地增长主要来自 2001 年建成投入使用的大唐轻纺袜业城对镇区人流规模和相关服务业用地规模的带动。之后镇区步入了缓慢增长的阶段，增速远低于店口镇区。第二个过程是 2010 年后的快速增长期，该时期的用地增长主要来自 2011 年新建成投入使用的大唐新袜业市场，扩大了市场面积，因而增加了成交规模，从而带动了镇区人流规模和相关服务业企业的规模。

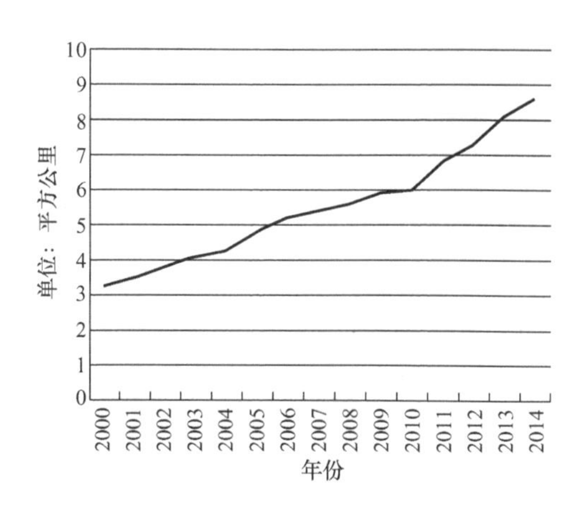

图 8-24　大唐镇区历年用地规模图（2000—2014 年）

数据来源：《诸暨市土地利用规划 2006》《诸暨市总体规划 2014》和《大唐镇总体规划 2009》。

2. 对城镇用地功能结构的影响

如前所述，大唐镇区的增长主要体现在袜业市场所引导的服务业用地的快速扩张，而其他类型用地则相对缺乏，用地功能结构并不平衡。如图 8-25 所示，大唐镇区的用地功能结构中，服务业用地比例较高，达 78%，其中生产服务业用地较多而生活服务业用地较少；工业用地的比例为 8%，居住用地的比例为 9%，服务业用地远多于工业用地和居住用地，在镇区中不多见。但由于大唐镇当地农民和外来人口特有的生产和生活方式，倾向于工作在镇区和农村，居住在城区和农村，因此镇区的居住用地较少。而制袜产业的特点也使得企业分散在农村，难以进镇，工业用地较少。由此可见，大唐镇区有典型的服务镇的特点，是典型的市场兴镇。

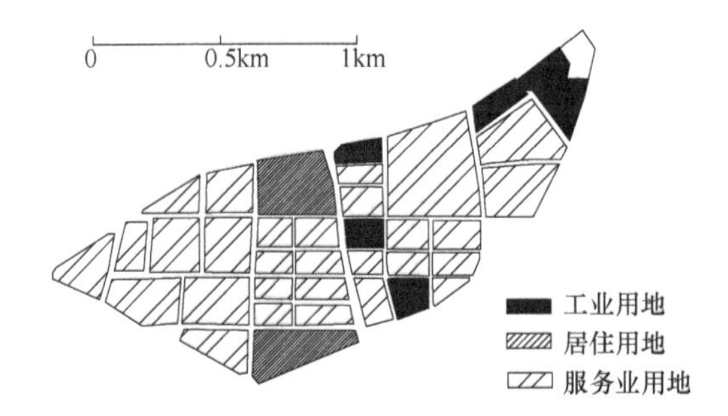

图 8-25 大唐镇区用地布局示意图（2014 年）

数据来源：根据《诸暨市总体规划 2015》大唐镇用地现状图改绘。

3. 对地块尺度的影响

另外，如图 8-25 所示，大唐镇区的地块尺度较小，多在 0.2 ～ 0.5 平方公里，远小于店口镇，表明地块除了袜业市场外，主要供中小企业使用，或者多家业主合用一个地块，从而形成了“小地块、密路网”的格局。这种格局使地块的划分较密，增加了临街公共空间，也就促进了服务功能的发展。总而言之，虽然大唐镇有明显的分散城镇化特征，但在袜业市场的带动下，镇区仍然有一定发展，尤其是服务业用地的增加。

4. 对城镇用地空间结构的影响

由于具有鲜明的分散城镇化特征，大唐镇区的建设用地并未像店口镇一样，以镇区为中心向四周扩散，而是和农村建设用地呈现出点状分布的空间结构，镇区用地和农村用地之间没有相连，如图 8-26 所示。和店口镇区向周边农村扩张不同，大唐镇区的用地扩张方向为向西和向南，主要为沿河和沿高速公路，以及向诸暨城区的方向，而不是北部和东部的农村。原因在于镇区的主要功能是袜业市场的交易和发货，而不是对农村土地的需求以建设厂房，因此镇区用地扩张也倾向于交通条件便利的方向。大唐镇区也不是当地农村劳动力主要的工作地和居住地，分散的农村地区才是企业和劳动力所在地，因此各农村建设用地没有和镇区相连的必要性。企业和劳动力也在农村和镇区之间往复移动，而没有集中，因此呈现出分散布局的空间结构。

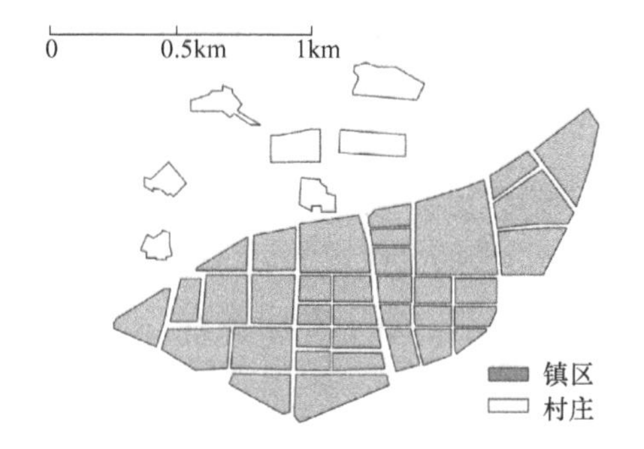

图 8-26　大唐镇区和周边村庄布局示意图（2014 年）

数据来源：根据《大唐镇土地利用总体规划》大唐镇用地规划图改绘。

5. 对土地利用集约度和土地利用效率的影响

在分散城镇化过程中，由于企业和劳动力集聚程度较低，因此建设用地的土地利用集约度和土地利用效率较低。用单位面积土地劳动力（单位：人 / 平方公里）和单位面积企业产值（单位：亿元 / 平方公里）对大唐镇区建设用地的土地利用集约度和土地利用效率进行测度，结果如图 8-27 所示。从结果不难看出：

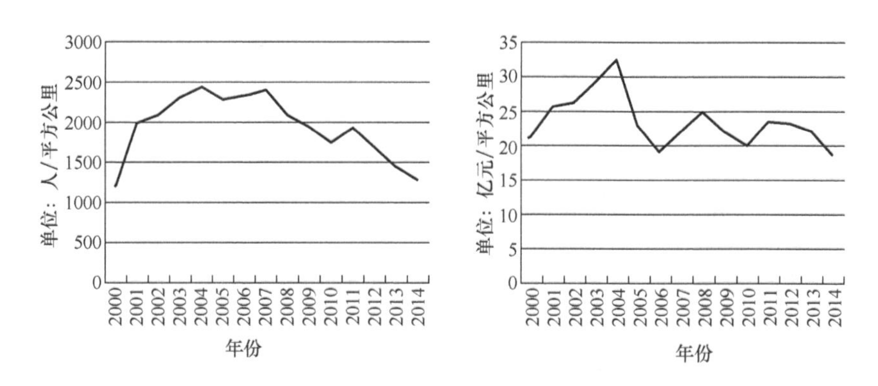

图 8-27　大唐镇区建设用地历年土地利用集约度和土地利用效率示意图（2000—2014 年）

数据来源：2001—2015 年的《诸暨统计年鉴》和《浙江乡镇统计年鉴》。

（1）大唐镇区建设用地历年土地利用集约度波动性较强，经历了2000年后的短暂上升后从2007年开始大幅下降；再经历了2010年的短暂上升后又从2011年开始下降。该波动性符合其分散城镇化特征，也反映出制袜产业本身的市场波动性。2000年和2010年的上升和其两次袜业市场的建设对劳动力的吸引带动有关。

（2）大唐镇区建设用地历年土地利用效率波动性较强，从2000年开始的上升，在2004年停止上升并大幅下降，然后开始波动。在经历了2010年的短暂上升后又从2011年开始下降。目前仍有下降趋势。该波动性也符合其分散城镇化特征。2000年和2011年的上升和其两次袜业市场的建设对劳动力的吸引带动有关。

另外，如表8-18所示，由于土地利用集约度统计的是单位土地面积制造业劳动力人数，因此大唐镇区的土地利用集约度较低，也反映出大唐镇的制袜企业分散性较强的特征。而从土地利用效率来看，大唐镇一度高于店口镇，但2010年后就开始低于店口镇区，说明2010年前制袜业的生产效率高于五金制造业，而2010年后由于制袜业的需求价格弹性提高，生产效率也开始下降。通过两个土地指标的对比可见，和店口镇区相比，大唐镇区难以集聚制袜企业，不具有形成工业城市的基础。

表8-18　大唐镇历年土地利用集约度和土地利用效率

指标	年份			
	2000	2005	2010	2014
大唐镇区土地利用集约度（单位：人/平方公里）	1032	2291	1750	1281
店口镇区土地利用集约度（单位：人/平方公里）	2481	5328	6812	5262
诸暨城区土地利用集约度（单位：人/平方公里）	11129	4137	11159	7523
大唐镇区土地利用效率（单位：亿元/平方公里）	21	22	20	18
店口镇区土地利用效率（单位：亿元/平方公里）	13	16	36	52
诸暨城区土地利用效率（单位：亿元/平方公里）	33	39	67	48

数据来源：2001—2015年的《诸暨统计年鉴》和《浙江乡镇统计年鉴》。

8.3.9　大唐镇相关规划对分散城镇化的响应

1. 诸暨市相关规划的响应

尽管大唐镇在2000年后才开始快速发展，但2000年前，诸暨市已开始重视大唐镇的发展。1991 年编制的《诸暨土地利用总体规划》提出：至 2010 年，大唐镇作为副中心城镇，城镇化水平达到 85%，镇区面积达到 6 平方公里。目前来看，镇区面积和规划镇区面积比较相符，城镇化率则高出规划城镇化率。以上说明该版土地规划正确预见了大唐镇的土地增长特征，但对于城镇化率则缺乏认识，忽略了分布在农村的非农人口。可见分散城镇化作为城镇化的一种过程类型，同样可以达到实现城镇化的目的。

2006 年编制的《诸暨市土地利用总体规划》针对大唐镇建设用地的土地利用低效问题，提出了“存量用地内部挖潜”和“土地集约示范”的措施，安排多个城镇低效用地再开发项目，有针对性地解决大唐镇土地利用低效的问题。

1998 年编制的《诸暨城镇体系规划》确定了诸暨“一个中心（中心城区）、两条轴线、六大城镇组群”的城镇体系，并没有将大唐镇纳入城镇组群，而是将大唐镇纳入中心城区，按照城市的定位进行规划控制。其原因除了包括大唐镇离市区较近外，还包括大唐镇特殊的产业形式，即袜业制造分散而袜业市场集中，造成了镇区用地规模增长缓慢，以及生产服务业发达而生活服务业和居住功能缺失，使得大唐镇区无法像店口镇区一样独立发展。因此纳入中心城区有助于补足大唐镇区的缺陷，有利于在大唐袜业市场经营的商人在市区居住。

2006 年编制的《诸暨城镇体系规划》提出：大唐镇以加快融入中心城区为发展方向，继续保持了 1998 年规划的这种思路。这种和店口镇截然不同的规划策略，也反映出集中城镇化和分散城镇化的差别。

1983 年、1991 年、1998 年的《诸暨市城市总体规划》都提出中心城区要和西部的大唐镇衔接发展。2006 年的《诸暨市城市总体规划》提出把大唐镇纳入中心城区，该策略和《诸暨城镇体系规划》的思路保持一致。

2. 大唐镇相关规划的响应

2006 年编制的《大唐镇土地利用总体规划》除继续落实《诸暨市土地利用总体规划》所提出的土地集约利用问题外，还落实了镇区的建设用地发展方向，即打破现有的分散的点状分布的建设用地空间结构，以镇区为中心向北向西扩张式发展，以形成以镇区中心向北扩散的连续性的空间结构，如图 8-28 所示。由此可见，规划旨在通过土地集中利用以提高土地利用效率，有把大唐镇现状的分散城镇化转变为集中城镇化的思路，但这种思路还需要对制袜产业本身进一步调整升级才可以实现。

2009 年编制的《大唐镇总体规划》继续贯彻了《大唐镇土地利用总体规划》的总体思路，不仅将大唐镇定位为工贸镇，而且提出镇区发展方向为向北向西发展，规划工业园区，并推进制袜企业进入园区集中。同时，针对大唐镇企业和劳动力主要分布在农村的事实，规划提出推动农村公共服务设施全覆盖，做到农村社区化、公共服务标准化，使得农村达到和镇区相同的公共服务水平，从而提高在农村生活的农村劳动力的生活质量，使其真正做到就地城镇化。

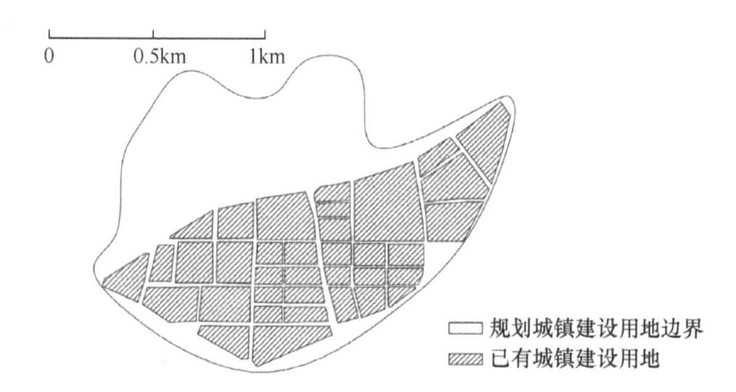

图 8-28 大唐镇 2020 年规划城镇建设用地边界和镇区已有城镇建设用地对比示意图

数据来源：根据《大唐镇土地利用总体规划》规划图改绘。

除了总体规划和土地利用规划以外，大唐镇还编制了一系列的专项规划，包括《大唐袜艺小镇控制性详细规划》《大唐镇工业新区控制性详细规划》《大唐袜业转型升级发展规划》等，这对于一个镇而言并不多见，尤其是控制性详细规划，也可见大唐镇确实在按照城市的标准规划，以期和诸暨城区充分接轨。

《大唐镇工业新区控制性详细规划》是 2010 年为响应工业集中进入工业新区而编制的规划，如图 8-29 所示。工业新区位于镇区北部，符合《大唐镇土地

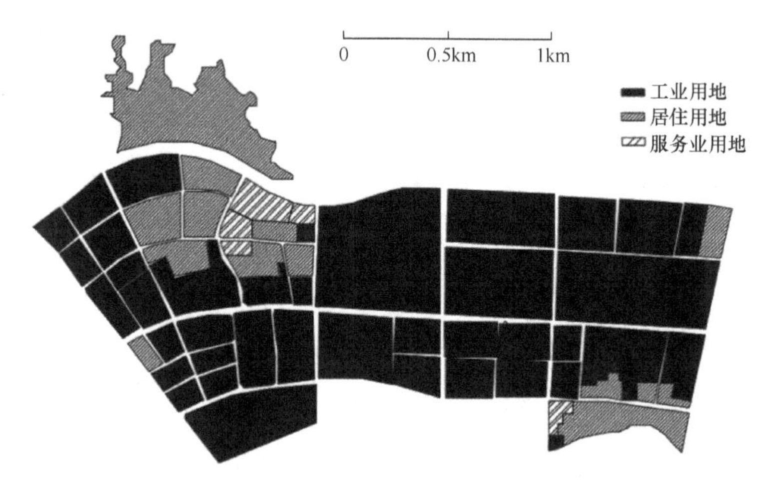

图 8-29 大唐镇工业新区控制性详细规划用地布局示意图

数据来源：根据《大唐镇工业新区控制性详细规划》规划图改绘。

利用总体规划》和《大唐镇总体规划》的建设用地扩张方向，承接了总体规划的发展思路。工业新区的建立基于大唐镇制袜企业过于分散的特征，旨在引导企业进入工业新区发展。因此工业新区的规划以工业用地为主，辅以少量的居住用地和仓储用地，没有服务业用地。从地块面积来看，多在 1 ～ 3 平方公里，大于大唐镇区的地块面积。因此这是一个纯粹按照传统工业区的思路编制的规划，旨在补强大唐镇区的工业用地比例，改变用地功能结构不均衡的局面。但从实际调查和访谈来看，大多数企业出于成本考虑，并不愿意入驻工业园区。

《大唐袜艺小镇控制性详细规划》是 2015 年编制的响应特色小城镇建设的规划。袜艺小镇位于镇区西北部，符合《大唐镇土地利用总体规划》的建设用地扩张方向。袜艺小镇是在之前工业新区规划基础上的进一步拓展，因为其规划范围和工业园区的规划范围有重合。和之前的工业新区规划不同，袜艺小镇除有制造功能外，还兼具围绕袜业的科技研发、创业孵化、电子商务、原材料市场、物流仓储、文化休闲及外围的居住等功能，因此用地功能结构也相应地平衡而多样，是对特色小城镇发展思路的充分贯彻。如图 8-30 所示，相比工业新区规划，特色小城镇规划增加了研发产业用地，并增加了服务业和居住用地的比例。此外，规划中还多有混合功能用地，以增强用地的集约性。以上思路和之前将大唐镇融入诸暨市中心城区的思路略有不同，意在基于袜业市场的基础，植入更多和袜业相关的功能，如制造、生产服务、生活服务和居住等功能，

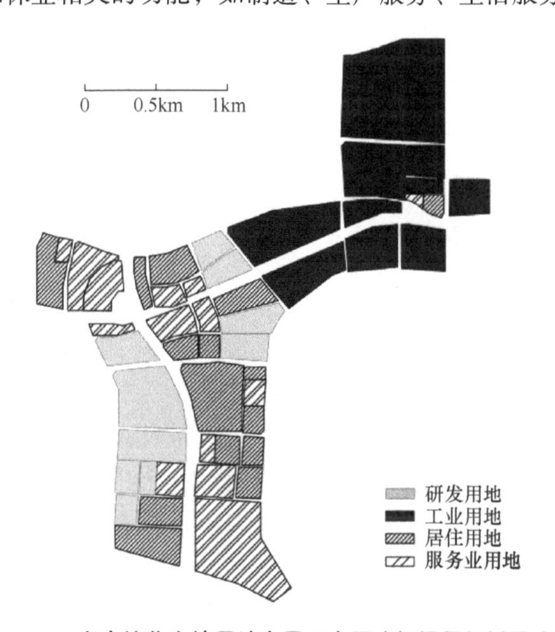

图 8-30　大唐袜艺小镇用地布局示意图（根据原规划图改绘）

从而使大唐镇成为独立完整的小城镇形式，以和中心城区有所区别。该规划也是在浙江省大力发展特色小城镇的政策背景下，对《大唐镇工业新区控制性详细规划》所提出的工业区思路的一种修正和优化。从中心城区的附属到独立的产业小镇，体现了从分散城镇化到集中城镇化思路的转变。前者希望大唐镇以加入中心城区的方式加快城镇化过程，而后者更注重产业小镇的带动作用，是更为渐进的发展方式。

同为2015年编制的《大唐袜业转型升级发展规划》，是特色小城镇的配套规划。规划指出以“产业高端化、贸易国际化、产品时尚化、产城发展协同化”为导向，对袜业转型升级，这显然是对大唐镇现有产业现状的一种扭转型思路。但结合制袜的市场波动性强的产业特征和大唐镇分散城镇化的特征，这种异于以往的发展思路依赖于多样性产业功能可以顺利植入大唐镇并稳定发展，还具有一定的不确定性。

总体而言，在2015年前，基于大唐镇的产业特征和分散城镇化现状，各种规划都提出了大唐镇融入中心城区的发展思路，以弥补大唐镇的功能欠缺，并实现大唐镇的土地规模快速增长。2010年的工业新区规划意在通过政府引导推动企业集中，但效果并不明显。2015年开始的特色小城镇规划，在其发展思路的影响下，开始对大唐镇区进行沿北向的建设用地规模扩张，并植入多种城市功能，意在使大唐镇发展为相对独立的袜业小镇，而不仅是中心城区的延伸。可见大唐镇的系列规划都建立在遵循大唐镇分散城镇化特征的基础之上，是对分散城镇化所表现出的缺陷的解决方法，前者是结构调整和规划引导，而后者是功能植入和产业转型，希望在产业特征上真正解决分散城镇化产生的源头问题。

3. 大唐镇相关政策的响应

政策响应主要体现在强镇扩权方面。从1998年版的《诸暨城镇体系规划》开始，由于经济水平较高，而分散城镇化特征显著，大唐镇就被纳入市区统一管理，以弥补镇区规模小和城市功能不足的缺陷。2007年浙江省人民政府出台《关于加快推进中心镇培育工程的若干意见》，将大唐镇列为141个省级中心镇之一，按照“依法下放、能放就放”的原则，赋予中心镇部分县级经济社会管理权限。因此为了按照市区标准建设大唐镇，大唐镇的行政事务管理直接由诸暨市政府部门负责承担，如镇区的规划和建设等；并在镇区设立相应的部门或办公室，如大唐镇城乡建设办公室，负责具体事务的协调。

第 9 章　结论和思考

9.1　结　论

9.1.1　市场势力影响城市空间的结论

城市是一种特殊的研究对象，又和人密切相关，有其多样性和复杂性，但可以从某一角度解释其事实所蕴含的规律性。以经济学思想研究城市，是因为经济学和城市研究享有共同的公理：人趋利避害，并为了满足需求而交易。城市是人为了交易而建立并依赖的空间形式，城市空间规划也是满足需求的方法，所以城市空间规划的研究可建立在经济学范式之上。本书首先论述了市场势力的概念，表征了市场主体的垄断程度，和需求价格弹性负相关，并以契约的方式应用于分工、企业和产业链。从乡村到镇再到城市的进化离不开分工和市场的作用。城市是商品交易地和市场势力兑现地，包括一系列分工组成的产业链，并由此在一定空间范围内形成空间市场势力吸引人集聚。商人是城市分工和市场的主体，出口商代表城市外向经济，是支撑城市产业链的前端核心。空间市场势力是市场势力在空间中的一种特定应用。空间市场势力之所以可利用，在于空间产权边界模糊和难以维护，而空间搭便车是以免费利用空间市场势力为目的的集聚。按照是否有空间市场势力，商人可划分为游商、无品牌坐商和品牌坐商。游商和无品牌坐商是空间搭便车的主要群体，因为游商和无品牌坐商靠近买家，把市场送到买家身边，为买家节省了交通成本，并以此积累空间市场势力。品牌坐商已有集中的空间市场势力而无须靠近买家，并掌握了空间市场势力。空间搭便车也会引起集聚竞争，结果形成空间均衡，霍特林空间扩展模型的推导结果证明了这一点。空间市场势力分为有主空间市场势力和无主空间市场势力，二者的本质皆为时间成本。无主空间市场势力产生了租金消散。房主借助游商和无品牌坐商的搭便车把无主空间市场势力兑现为租金，即租金沉淀。租金沉淀也使房主免费获得盈利，由此引申空间税，是对空间市场势力征税的可行方式。商人的投机性使其放弃不确定交易而追求稳定兑现，占据了市场规模，使交易规模缩小，市场也因而衰落，形成“挤奶效应”，使城市陷入远离市场的悖论。当代表城市外部经济的出口商面临风险时，城市产业链所包含的一系列契约兑现产生多米诺效应，使产业链断裂，城市经济崩塌。为了挽救这种衰落，城市需要敢于面对风险的企业家来发现或创造市场，由此得出城市创新的路径：替代本地进口，解决冲突和问题，从产业链分离，创造事件和闲暇经济。避免城市空间衰落的方法是提供更多免费空间市场势力作为市民搭便车的福利，并用空间税调节以防止福利私有化。空间税还保障了城市空间规划中区划的法律效力，因为区划固化了空间功能，目的正是抑制空间功能复合和空间搭便车的额外租金收益，但有可能被空间所有者利用。区划是保护市场、延缓城市衰落的工具，但需保护空间的不确定性。

本书对改革开放以来空间市场势力对义乌城市发展的影响进行了案例研究。义乌是一个特殊的城市，因其自下而上的发展是中国城市中少见的案例。义乌的发展源于计划经济时代的游商行为：敲糖帮的鸡毛换糖。敲糖帮作为典型的中间商，在周边地区填补了小商品的需求空白并建立了品牌，20 世纪 80 年代初在义乌创立了小商品市场，游商也变为坐商。市场从创立之始就以批发为主，利润微薄，由此也吸引了大批外来商人进货。这是一个重要的转折：义乌商人从搭便车的零售商变为被搭车的批发商。巨大的空间搭便车潜力使市场规模不断扩大，从而形成固定的空间市场势力吸引搭便车者前来，城市规模也不断增大。义乌商人继而由批发商转向代工生产，即前店后厂模式，纳入品牌零售商的分工，尽管出口额庞大，利润依然微薄。义乌从早期的出口城市，变成中期的中介城市，再到现在的分工城市，原因在于义乌小商品的整体品牌模糊，且没有细分至具体企业或商品之上，无法如一般中间商利用品牌权控制全产业链，尤其是零售环节。市场和分工的微利以及商人对空间市场势力的投机形成失衡的双寡头经济，增加了城市风险。义乌的空间市场势力也在一定程度上干扰了城市发展，租金和房价不断增长，市场不断外迁。城市兴衰的背后是人对确定收益的追求和对不确定收益的逃避，从不确定到确定是必然的规律，城市的吸引力就在于满足需求和兑现盈利，盈利也和危机并存。在空间市场势力作用下，兴衰只是城市的正反两面。城市因交易而兴，挤奶效应造成的远离市场的趋势也会时刻伴随城市左右，这也是城市发展的一种规律。

9.1.2　空间市场势力在企业集聚和城镇化研究的结论

1. 空间市场势力对企业集聚和城镇化过程的影响

在空间市场势力影响企业集聚和城镇化的过程中，根据空间市场势力的概念及其在空间集聚中的作用，将城镇化过程分为集中城镇化和分散城镇化两种类型。集中城镇化是在区位条件和外部经济的正向作用下，企业空间市场势力较大而集中，引起规模扩张，形成外部经济，继而吸引其他企业和劳动力参与分工并形成集聚，各方空间市场势力逐步增大并逐渐积累的过程。该过程使城市功能不断增加并提升，以企业和劳动力进入和形成城市为目的。分散城镇化则和集中城镇化相反，空间竞争、外部不经济或市场波动使企业空间市场势力较小而分散，企业不会扩张规模，无法吸引其他企业和劳动力参与分工并形成集聚，因此企业和劳动力空间分散特征明显。该过程不能使城市功能不断增加并提升，企业和劳动力在城乡间跨界流动，而不以进入和形成城市为目的。

集中城镇化的形成包括以下几方面的条件。

（1）受产业特征影响，企业规模效益递增，能够获得稳定收益，占据的市场份额很大，且能抵御市场波动所带来的风险。

（2）较高的工资水平、合同制的生产关系和固定的工作时间使劳动力能够在企业长期稳定地工作。

（3）时间和运费成本使得劳动力必须选择在企业附近居住，同时必须在附近的服务业企业消费。

（4）企业能够不断吸引外来人口并长期居住，而不仅是本地人口。

分散城镇化的形成包括以下几方面的条件。

（1）受产业特征影响，企业规模效益不明显，难以获得稳定的收益或收益微弱，并受市场波动影响较大，难以抵御市场风险，因而通常会采取保守策略，而非扩张策略。

（2）工资水平较低、缺乏合同制的生产关系和固定的工作时间，使劳动力无法在企业长期稳定地工作，通常会选择兼业，从事多种工作。

（3）兼业使得劳动力无须选择在企业附近居住，通常按照自己的生产生活方式选择居住地。

（4）企业无法大量吸引外来人口，或外来人口流动频繁。

不可否认，二者都是城镇化过程的类型，因为都实现了非农化，企业和劳动力仍然可以从事非农生产，并享受非农生活。集中城镇化和分散城镇化之所以成立，在于市场经济指向仍然是城镇化的核心，城镇化的动力来自企业和劳动力对空间市场势力的追求，以在交易中最大化获利。因为相比不确定的市场交易，空间市场势力具有确定性，能够稳定地获利，因此基于这样的前提，空间市场势力锚定了城镇化过程中企业和劳动力的选择和决策行为。每一个参与市场交易的企业或劳动力都希望长期稳定地获利，从而在市场中获得一定的垄断地位。只有这种垄断不断保持并积累，企业和劳动力才能在某地区长期驻扎并生存下来，城镇化才会体现出静态特征；否则企业和劳动力将会在不同的区域市场之间流动，城镇化则体现出动态特征。

2. 空间市场势力和城镇化过程的相关性

空间市场势力和城镇化过程具有相关性。在集中城镇化和分散城镇化过程中，一定区域内的企业和劳动力的整体空间市场势力都有增大的趋势，但空间市场势力的集中和分散程度影响了企业的垄断和竞争程度，影响了人口进入城市工作和居住，从而也影响了城镇化水平的变动。城镇化水平可表述为人口和土地城镇化率。空间市场势力对城镇化水平的影响表现如下。

（1）在集中城镇化过程中，城镇化水平随着企业和劳动力的空间市场势力的增大而提高，原因在于空间市场势力不断集中，使企业垄断性增强，分工关系稳定，容易引起空间集聚，人口向城市集中，在城市从事非农活动。

（2）在分散城镇化过程中，城镇化水平不随企业和劳动力的空间市场势力的增大而提高或保持不变，原因在于空间市场势力不断分散，使企业竞争性增强，分工关系松散，容易引起空间扩散，人口不向城市集中，仍旧分散在农村从事非农活动。

因此空间市场势力和城镇化过程在一段时期内体现出较强的相关性，呈现为集中城镇化和分散城镇化两种类型。在集中城镇化中，城镇化水平随着空间市场势力的增大而提高，可见其曲线较为陡峭，相当于诺瑟姆 S 形曲线的加速期。在分散城镇化中，城镇化水平不随空间市场势力的增大而提高，或不太显著，可见其曲线较为平缓，相当于诺瑟姆 S 形曲线的初始期和减速期。

3. 结构 - 行为 - 绩效模型对城镇化过程的影响

根据结构 - 行为 - 绩效模型对城镇化过程中市场结构、市场行为和市场绩效的概念和分类进行了分析，指出了结构 - 行为 - 绩效模型和空间市场势力所影响的城镇化过程的映证关系：如果企业空间市场势力很强，则市场结构趋于垄断，市场行为趋于扩张和发起分工，市场绩效很高，从而吸引参与分工的企业和劳动力集聚，最终形成集中城镇化趋势；如果企业空间市场势力很弱，则市场结构趋于竞争，市场行为趋于保持和多样化选择，市场绩效很低，不能吸引参与分工的企业和劳动力集聚，最终形成分散城镇化趋势。同时还介绍了各种测度模型。

4. 空间市场势力对城镇土地利用的影响

本书还讨论了空间市场势力对城镇土地利用的影响。首先认为空间市场势力和土地城镇化率同样有相关性，和人口城镇化率类似。接着分别介绍了空间市场势力对城镇用地规模、空间结构、用地功能、地块尺度、土地集约利用和效率方面产生的影响。在集中城镇化中，城镇用地规模较大、空间结构为单中心向四周扩散、用地功能相对均衡、地块尺度较大、土地集约利用和效率较高。在分散城镇化中，城镇用地规模较小、空间结构为多中心网络式、用地功能不均衡、地块尺度较小、土地集约利用和效率较低。

5. 空间市场势力影响城镇化过程的实证研究

在全国实证研究中，利用改进勒纳指数模型，基于省域面板数据进行向量自回归模型分析，实证结果表明：制造业、服务业企业的空间市场势力和城镇化率有较显著的相关性。从实证结果来看，既有空间市场势力对城镇化率的影响，也有城镇化率对空间市场势力的影响，并在东部、中部、西部结果中分别找到了相对应的城镇化阶段，体现了我国城镇化的区域差异特征，从而验证了该理论框架的可行性。

本书对 1995—2015 年浙江省民营经济快速发展时期的浙江省城镇化快速提升的过程特征进行研究。浙江省是我国城镇化水平较高的地区，也是空间市场势力对城镇化影响显著的地区，而且其乡村经济发达，乡村城镇化较为典型。首先概述了浙江省城镇化过程的总体特征：①城镇化率高且增长快速，外来人口多；②城镇化水平分布不均，北高南低特征明显；③杭州和宁波以外的城市规模较小，和杭州、宁波差距大；④企业主要分布在农村，城镇化人口受教育水平不高，缺乏高质量人口。总结起来则为：集中城镇化和分散城镇化并存、以分散城镇化为主。浙江省 2000 年以前分散城镇化特征显著，2000 年之后开始有集中城镇化趋势，但仍以分散城镇化为主。浙江省分散城镇化特征出现的原因为：制造业企业产业类型为简单加工业，空间市场势力分散，分工行为的需求不高，为降低成本而分布在农村地区，垄断竞争的市场结构特征明显。劳动力由于工资水平不高也大多分布在农村地区，并选择兼业，因此收入结构多元，就近或就地城镇化比较普遍。近年来随着产业结构调整和转型，企业和劳动力逐步向城镇集聚，开始出现集中城镇化趋势。

最后梳理了浙江省相关规划和政策对其城镇化过程特征的响应，包括浙江省城镇体系规划、新型城镇化规划、强镇扩权制度改革和都市区规划。相关规划和政策对城镇化过程特征的响应主要体现在：①通过产业转型和以小城市、镇为节点集中空间市场势力，而不走引导农民进城落户的单一城镇化道路；②通过都市区的带动作用实现城乡统筹和区域联动，从而渐进地实现从分散城镇化向集中城镇化的转变，以带动城市发展的目标。

之后以 2000—2015 年浙江省出口型经济蓬勃发展时期典型的两个特色小城镇——店口镇和大唐镇为案例研究其城镇化过程。店口镇和大唐镇虽然同属诸暨市，也都具有经济水平高的特征，但受产业类型和农民生产生活特征的影响，两镇的城镇化过程类型截然不同。店口镇是典型的集中城镇化，由散落于农村的中小企业演变而成的几家大型五金制造业企业坐落于镇区，在产品市场中拥有较强的空间市场势力并非常集中，从而吸引了生产服务业和劳动力，集聚于镇区。之所以能形成集聚是五金制造业产业升级后对产品出现新要求，小作坊式生产无法满足需要，只能转变为现代化的大型厂房。店口镇城镇化的市场结构是寡头垄断，大企业集中在镇区并带动一批小企业构成产业集群，市场集中度很高。企业市场行为是合并扩张和发起分工，服务业企业和劳动力的市场行为是参与分工，且分工关系固定，企业和劳动力的市场绩效也很高，因此从事专一的务工行为，兼业较少。但由于镇区居住成本较高，劳动力仍然选择在镇区周边的农村居住，有就近城镇化特征。受企业空间市场势力集中的影响，镇区用地规模增长较快，但用地功能以工业和生产服务业为主，以居住和生活服务为辅，结构不均衡。镇区周边的农村自主承担了劳动力的居住和生活服务功能，补充了镇区的用地缺陷。由于用地主要服务于大企业，从而呈现出“大街区、疏路网”的格局。用地空间结构为以镇区为中心向四周的农村地区扩散，呈现单中心空间结构。受集中城镇化特征影响，土地利用集约度和土地利用效率也相应较高。在政策和规划上，重视集中城镇化的动力，以独立小城市为目标发展，规划策略为控用地、调结构、增功能，向城市标准看齐。

店口镇的集中城镇化过程优点明显：有利于镇成长为小城市，有利于推进企业和劳动力进入城市，有利于提高土地集约利用效率。但其也存在一些缺点：大企业的用地方式比较粗放，用地功能结构不够均衡，居住和服务功能缺失，镇区生活成本较高，农民难以负担，从而居住在镇区周边的农村。重生产轻服务的发展方式使得店口镇的发展模式类似于工业区，这虽然利于企业的规模扩张，但不利于城市建设。因此店口镇的规划重在控用地和调结构，在制造业之外增加更多的城市功能，并重视公共服务设施建设，期望在镇区统一解决农民的就业和居住需求。另外，店口镇城镇化过程的长效发展有赖于五金市场的繁荣，企业可以做出积极的市场决策。如果产业在未来出现波动，则这种模式难以持续。

大唐镇是典型的分散城镇化类型，数千家小规模的制袜企业分布于乡村地区，劳动力因而也分布在农村，镇区只有袜业市场和生产服务业，而没有制造业，因此镇区用地以生产服务业为主。企业规模小且不进镇区的原因是袜业市场的需求弹性高、市场波动性大、收益率低，且生产工艺简单，对产品质量要求不高，小作坊生产已经可以满足，因此出于降低生产成本的需要，企业选择不进镇区，仍然在自家厂房内生产，劳动力也就近居住。大唐镇城镇化的市场结构是垄断竞争，企业之间是竞争关系，因而空间市场势力小而分散，难以向镇区或工业区集中，企业市场行为是保持规模，服务业和劳动力的市场行为是参与简单分工，且分工关系不固定。大唐镇的企业和劳动力的市场绩效比店口镇的企业和劳动力的市场绩效要低，因而企业通常采取前店后厂模式，劳动力兼业特征明显。

受空间市场势力分散的影响，镇区用地规模增长较慢。受袜业市场影响，用地功能以生产服务业为主，以居住和生活服务为辅，结构不均衡。由于用地主要服务于中小企业，从而呈现出“小街区、密路网”的格局。用地空间结构并未像店口镇一样以镇区为中心向四周扩散，而是和农村建设用地呈点状分布、组团式的空间结构，镇区用地和农村用地之间没有相连。受分散城镇化特征影响，土地利用集约度和土地利用效率也相应较低。相关的政策和规划，希望分散城镇化进一步向集中城镇化转变，将大唐镇纳入中心城区规划管理，规划补强大唐镇的城市功能，并引导企业向镇区的工业区集中。近期在浙江特色小城镇政策背景下，又出台袜业小镇规划，规划建设一个功能完整而独立的小城镇，并推动大唐镇的袜业升级转型。

大唐镇的分散城镇化过程的缺点比较明显：企业和劳动力分散在农村地区，难以进入镇区生产和生活，从而使镇区难以发展成为小城市，土地利用不够集约、土地利用效率较低。农村劳动力的兼业现象普遍，不能完全脱离农业生产，仍然存在小农生产的特征，这和正常的城镇化过程相悖。这种特征来自制袜产业的市场波动性，使得企业和劳动力无法做出积极的市场决策，但也有其优点：有利于企业和农村劳动力就近或就地生产和居住，降低了生产和生活成本，企业采取前店后厂模式，农村劳动力采取兼业的方式，丰富了自身的收入结构。另外分散城镇化避免了农村劳动力进入城市就业生活可能会面临的失业和生活成本提高的风险，对于大部分农村劳动力而言是弹性的、可行性较强的城镇化方式。

9.2 思　考

9.2.1 对城市空间规划策略的思考

市场是一只看不见的手，对于城市而言犹如一把双刃剑，既为城市带来了集聚的规模，也给城市增加了远离市场而造成的衰落风险。城市空间规划是政府通过提供公共产品和空间而实现城市福利公平分配的方式，是市场的一种有效补充。城市空间规划通过提供公共产品和空间，衍生出释放免费空间市场势力的机会，可为城市人群所利用，形成了一种城市福利的传递机制，从而增加了城市的经济活力，这也是城市空间规划的美好初衷。但城市空间规划提供的公共产品和空间所释放的免费空间市场势力也有可能被商人和房主利用，继而形成新的有主空间市场势力，并以地租的形式兑现，这也是城市更新中士绅化现象出现的原因。即使区划的出现，也同样不能有效遏制这种投机行为。因此，需要思考如何使城市空间规划所提供的福利能够更有效地传递给大多数人，而防止被小部分人套利。除了空间税这种征税手段，城市空间规划还可以通过在城市福利传递机制中，对商人和房主增加更多的限制，并有效保障空间活化人群的利益，降低城市多米诺效应，使得城市福利分配能够更有效，也能削减城市空间从兴盛到衰落的波动过程。因而城市空间规划和空间市场势力形成了一种微妙的博弈关系，通过彼此的利用和抑制，不断促进城市福利分配更为有效，也使得城市日渐兴盛。

9.2.2 对城镇化政策的思考

1. 扭转对城镇化的单一认识

受长期以来城乡二元结构影响，当前我国对城镇化的认识仍然具有单一性，即认为农村劳动力进城务工并落户，即完成了城镇化过程。然而，现实中的农村劳动力可能难以适应这种进城生活，而更倾向于选择更适合自己的就业和生活方式。通过空间市场势力对城镇化过程的影响研究可知，农村劳动力的务工行为呈多样性，其选择受其所在的市场环境及其个人特征所影响，进城务工并不是农村劳动力唯一的选择。因此农村劳动力的城镇化行为包括进城、就近城镇化和就地城镇化等多种模式，空间目的地也包括城、镇、村，而不仅限于进城务工。另外，农村劳动力的就业类型也可以多元组合，有兼业特征，而不仅限于一种。由此城镇化过程分为集中城镇化和分散城镇化，两种方法各有优缺点，但都有助于实现农村劳动力城镇化的目标。

2. 强调市场对城镇化的主导作用

当前的城镇化研究多从政策和市场层面入手，且以政策研究为主。但政策只是城镇化的推力，而非城镇化的拉力。相比政策，市场是城镇化的拉力。

市场研究思路并不局限于具体的城市和镇，更关注农民在城镇化过程中的市场决策和行为特征以及由此形成的绩效，而这正是城镇化的内在实质，尤其是《国家新型城镇化规划（2014—2020 年）》提出的“坚持使市场在资源配置中起决定性作用”。这种实质往往会形成一系列不合理但真实存在的城镇化现象，如就地城镇化和就近城镇化、半城镇化和逆城镇化等，也为城镇化的政策安排提供了可遵循的逻辑依据。

9.2.3　对城镇化相关规划方法的思考

1. 强调市场环境和产业类型对城镇化的前期影响

城镇化相关规划包括城镇体系规划、新型城镇化规划、新农村规划等，是近年来我国各地涌现出以实现城乡统筹为目标的城乡规划类型，着重于研究当地的城镇化特征和问题，并基于健康城镇化的原则，对城镇化过程提供相应的政策扶持和规划策略，如新型社区建设、城乡公共服务一体化等。城镇化相关规划在某种意义上也是各类型法定规划的前期规划，因为其指明了企业和人口的聚集特征。但是在单一城镇化的影响下，各地普遍认为城镇化就是农民进城落户，因此只要规划新城区并引导农民进城，或者规划工业区引导企业入驻并提供就业岗位，即完成了城镇化过程。在此思路之上，涌现出了一大批新城建设和过度的工业区建设，占用了宝贵的土地资源，造成大量用地和建筑闲置，企业不愿意入驻园区，进城落户的农民也因为缺乏就业而难以过上市民生活，影响了城镇化的健康性，无法步入良性循环的道路。

因此，城镇化相关规划有必要从当地的市场环境和产业类型入手，分析本地的企业在面对市场环境时根据自身特点而做出怎样的生产决策，如扩大或保持规模、产业链的构成、收益和成本情况等，以此来判断企业的空间市场势力和市场份额状况，从而掌握其决策依据。农村劳动力也会根据企业的分工关系和收益成本情况来决策自己的生产生活行为，如是否以雇佣形式打工、是否兼业、是否就近或远离企业居住、公共服务水平高低等，以此来判断最适合当地的城镇化过程类型，从而推断出相应的规划措施，以增加城镇化过程的优势而减小其劣势，而不是采取和其完全相反的策略。如对于店口镇而言，分散城镇化策略并不适用；对于大唐镇而言，集中城镇化策略也不适用。这种规划方法不仅因地制宜，而且可以避免不当的城镇化规划所带来的人口和土地风险，使城镇化步入良性循环，也符合新型城镇化的趋势和要求。

2. 为特色小城镇规划提供方法基础

特色小城镇是指特色产业和新兴产业鲜明、集聚发展要素、具有一定人口和经济规模的产业镇或功能镇，坚持产业建镇、以人为本、市场主导和产城融合，并有机对接美丽乡村建设，促进城乡发展一体化。可见特色小城镇作为新型城镇化的重要抓手，是按照市场规律来发展的城乡过渡节点，产业是小镇发展的动力。不同的特色小城镇有其特色化的城镇化过程，而不是自上而下的统一建设。因此特色小城镇的规划必须具有明确的指向，或解决目前产业和城镇发展所出现的问题，或进一步扩大特色小城镇的优势，并完善城市功能，因此对特色小城镇的企业和劳动力的空间市场势力特征以及空间市场势力和城镇化过程的相关性研究有助于总结特色小城镇的发展规律，为其提供规划方法基础，使得政府、企业和劳动力都能正确认识特色小城镇的建设模式，从而形成一镇一品、各具特色的面貌，避免千镇一面，真正实现宜居宜业的城镇化目标。

参考文献

[1]Alexander A. The role of market power in the spatial location of industry[D]. ProQuest Dissertations Publishing，2001.

[2]Anderson S，Wilson W. Market power in transportation：Spatial equilibrium under Bertrand competition[J]. Economics of Transportation，2015，4(1–2)：7–15.

[3]Appelbaum E. The estimation of the degree of oligopoly power[J]. Journal of Econometrics，1982，19(2–3)：287–299.

[4]Arrow K. Vertical Integration and Communication[J]. The Bell Journal of Economic，1975，(1)：173–183.

[5]Artle R，Carruthers N. Location and market power：Hotelling revisited[J]. Journal of regional science，1988，28(1)：15–27.

[6]Bacolod M，Blum B，Strange W. Skills in the city[J]. Journal of Urban Economics，2009，65(2)：136–153.

[7]Bain J. Conditions of Entry and the Emergence of Monopoly[M]. New York：Macmillan Press，1954.

[8]Banfield E. Ends and Means in Planning[M]//FALUDI A. A Reader in planning theory. Oxford：Pergamon Press，1973.

[9]Blackburn S. The Oxford Dictionary of Philosophy Oxford Paperback Reference [M]. Oxford：Oxford University Press，1996.

[10]Blair R，Harrison J. The Measurement of Monopsony Power[J]. The Antitrust Bulletin，1992，37(1)：133–150.

[11]Blau P. Exchange and Power in Social Life[M]. New York：John wiley & Sons，1964.

[12]Bottazzi G，Gragnolati U. Cities and Clusters：Economy–Wide and Sector–Specific Effects in Corporate Location[J]. REGIONAL STUDIES，2015，49(1)：113–129.

[13]Braudel F. Civilization and Capitalism 15th–18th Century Volume Ⅰ，Ⅱ，Ⅲ [M]. Reynolds S. New York：Harper & Row Press，1979，1981，1984.

[14]Brissimis S，Kosma T. Market power and exchange rate pass–through[J]. International

Review of Economics & Finance，2007，16(2)：202–222.

[15]Brooks D. Buyer Concentration：A Forgotten Element in Market Structure Models[J]. Industrial Organization Review，1973，1(2)：151–163.

[16]Byrne D. Complexity Theory and Planning Theory：A Necessary Encounter[J]. Planning theory，2003，2(3)：171–178.

[17]Carlton D，Perloff J. Modern Industrial Organization[M]. New York：Pearson education Press，2000.

[18]Chamberlin E. The Theory of Monopolistic Competition：A Re–orientation of the Theory of Value[M]. Cambridge：Harvard university Press，1939.

[19]Christaller W. Central Places in Sourthern Germany[M]. Baskins C. Englewood cliffs：Prentice hall Press，1966.

[20]Clark T，Lloyd R，Wong K，Jain P. Amenities drive urban growth[J]. Journal of Urban Affairs Review，2002，24：493–515.

[21]Coase R. The Problem of Social Cost[J]. Journal of Law and Economics，1960，3：1–44.

[22]Committee N，Jean T：Market Power And Regulation[R]. Stockholm：Royal Swedish Academy of Sciences 2014.

[23]Cournot A. Recherches sur les principes mathématiques de la théorie des richesses[M]. Paris: Hachette Press，1838.

[24]Crane D. Market power without market definition[J]. Notre Dame Law Review，2014，90(1)：31–79.

[25]Cressy R. Cost of Capital and Market Power：The Effect of Size Dispersion & Entry Barriers on Market Equilibrium[J]. Small Business Economics，1995，7(3)：205–212.

[26]Davidoff P，Reiner T. A Choice Theory of Planning[J]. Journal of the American Institute of Planners，1962，28(2)：103–115.

[27]Dear M，Dahmann N. Urban Politics and the Los Angeles School of Urbanism[J]. Urban Affairs Review，2008，44(2): 266–279.

[28]Dobson P，Waterson M. Countervailing Power and Consumer Prices[J]. The Economic Journal，1997，107(441)：418–430.

[29]Eatwell J，Milgate M，Newman P. The New Palgrave：A Dictionary of Economics [M]. London：Macmillan Press，1987.

[30]Ellison G，Glaeser E. Geographic Concentration in U.S. Manufacturing Industries：A Dartboard Approach[J]. Journal of Political Economy，1997，105(5)：889–927.

[31]Faludi A. A Reader in Planning Theory[M]. Oxford：Pergamon Press，1973.

[32]Faludi A. Critical Rationalism and Planning Methodology[M]. London： Pion Press, 1986.

[33]Feinberg R. The Lerner Index, Concentration, and the Measurement of Market Power: I. Introduction[J]. Southern Economic Journal (pre-1986), 1980, 46(4): 1180.

[34]Fisher I. Elementary Principles of Economics[M]. New York： Cosimo Classics Press, 2006[1912].

[35]Fisher I. The Theory of Interest[M]. New York: Macmillan Press, 1930.

[36]Friedmann J. Regional Development Policy： A Case Study of Venezuela[M]. Cambridge: MIT Press, 1966.

[37]Fujita M, Krugman P, Venables J. The Spatial Economy[M]. Cambridge： MIT Press, 1999.

[38]Gabel H. The role of buyer power in oligopoly models: An empirical study[J]. Journal of Economics and Business, 1983, 35(1): 95–108.

[39]Gaffney M. The role of ground rent in urban decay and revival – How to revitalize a failing city[J]. American Journal of Economics and Sociology, 2001, 60(5): 57–83.

[40]Galbraith J. American Capitalism:The Concept of Countervailing Power [M]. Boston： Houghton Mifflin Press, 1952.

[41]George H. Poverty and Progress[M]. New York： Robert Schalkenbach Foundation Press, 2008[1925].

[42]Giocoli N. Who invented the Lerner Index? Luigi Amoroso, the Dominant Firm Model, and the Measurement of Market Power[J]. Review of Industrial Organization, 2012, 41(3): 181–191.

[43]Glaeser E. Triumph of the City[M]. New York: The Penguin Press, 2011.

[44]Gottdiener M. The Social Production of Urban Space[M]. Austin： University of Texas Press, 1985.

[45]Hall P. Urban and Regional Planning[M]. London: Routledge Press, 1992.

[46]Harris C. The Market as a Factor in the Localization of Industry in the United States[J]. Annals of the Association of American Geographers, 1954, (44): 315–348.

[47]Henderson J. The sizes and types of cities[J]. American Economic Review, 1974, 64： 640–656.

[48]Hirschman A. The Strategy of Economic Development[M]. New Haven: Yale university Press, 1958.

[49]Hotelling H. Stability in Competition[J]. The Economic Journal, 1929, 39(153)：

41–57.

[50]Isard W. Location and Space–Economy[M]. New York : New York technology Press, 1960.

[51]Jacobs J. The Death and Life of Great American Cities[M]. New York : Modern Library Press, 2011[1961].

[52]Jacobs J. The Economy of Cities[M]. New York: Vintage Books Press, 1970[1969].

[53]Konrad K, Morath F, Müller W. Taxation and market power[J]. Canadian Journal of Economics, 2014, 47(1): 173–202.

[54]Kostov S. The City Shaped[M]. Boston: Bulfinch Press, 1993.

[55]Kuhn T. The Structure of Scientific Revolution [M]. Chicago : Press of University of Chicago, 1970.

[56]Lacaze J. Introduction a la planification urbaine : imprecis d'urbanisme a la francaise[M]. Paris: Presses de l'ecole nationale des ponts et chaussees, 1995.

[57]Landsburg S. Price Theory and Applications [M]. Australia : South–Western Pub Press, 2002.

[58]Lefebvre H. Writings on Cities[M]. Oxford: Wiley–Blackwell Press, 1996.

[59]Lerner A. The Concept of Monopoly and the Measurement of Monopoly Power[J]. The Review of Economic Studies, 1934, 1(3): 157–175.

[60]Lösch A. The Economics of Location[M]. New Haven : Yale University Press, 1954[1940].

[61]Markusen J, Scheffman D. Ownership Concentration and Market Power in Urban Land Markets[J]. The Review of Economic Studies, 1978, 45(3): 519–526.

[62]Marshall A. Principles of Economics[M]. London: Macmillan Press, 1920[1890].

[63]Marshall S. Science, pseudo–science and urban design[J]. URBAN DESIGN International, 2012, 17(4): 257–271.

[64]Meyerson M. Building the middle–range bridge for comprehensive planning[M]// FALUDI A. A Reader in planning theory. Oxford: Pagamon Press, 1973.

[65]Mincer J. Schooling , Experience and Earnings[M]. New York: Columbia University Press, 1974.

[66]Ohlin B. Interregional and International Trade[M]. Cambridge : Harvard University Press, 1968[1931].

[67]Olson S. Urban Metabolism and Morphogenesis[J]. Urban Geography, 1982, 3(2):87–109.

[68]Pred A. The Spatial Dynamics of U.S. Urban-Industrial Growth 1800-1914 : Interpretive and Theoretical Essays[M]. Cambridge：MIT Press，1966.

[69]Renski H. External economies of localization，urbanization and industrial diversity and new firm survival[J]. Regional Science，2010，90(3)：474-504.

[70]Richards T，Acharya R，Kagan A. Spatial competition and market power in banking[J]. Journal of Economics and Business，2008，60(5)：436-454.

[71]Rossi A. The Architecture of the City[M]. Cambridges：MIT Press，1984.

[72]Samuelson P. The Pure Theory of Public Expenditure[J]. The Review of Economics and Statistics，1954，36(4)：387-389.

[73]Schumacher U. Buyer Structure and Seller Performance in U.S. Manufacturing Industries[J]. The Review of Economics and Statistics，1991，73(2)：277-284.

[74]Schumpeter J. The Theory of Economic Development : An Inquiry Into Profits，Capital，Credit，Interest，and the Business Cycle. [M]. OPIE R. New Brunswick : Transaction Books Press，1983[1934].

[75]Shepherd W. The Economics of Industrial Organization : Analysis，Markets，Policies[M]. Upper Saddle river：Prentice Hall Press，1997.

[76]Simon H. Bounded Rationality and Organizational Learning[J]. Organization Science，1991，2(1)：125-134.

[77]Simon C，Nardineli C. The talk of the Town : Human Capital，Information，and the Growth of English Cities，1861 to 1961[J]. Exploration in Economic History，1996，33(3)：384-413.

[78]Sitte C. Art of Building Cities[M]. New York: Hyperion Press，1980.

[79]Skinner G. Marketing and Social Structure in Rural China[M]. New York : columbia University Press，2010[1965].

[80]Smith A. The Wealth of Nations[M]. New York：Bantam Press，2003[1776].

[81]Stigler G. The Organization of Industry[M]. Chicago：The University press of Chicago，1983[1968].

[82]Storper M，Scott A. Rethinking human capital，creativity and urban growth[J]. Journal of Economic Geography，2008，9(2)：147-167.

[83]Tirole J. The Theory of Industrial Organization[M]. Cambridge：MIT Press，1988.

[84]Werin L，Wijkander H. Contract Economics[M]. Oxford：Blackwell Publishers，1992.

[85] 韦伯 . 工业区位论 [M]. 李刚剑，等译 . 北京：商务印书馆，2009[1909].

[86] 韦伯（Weber M）. 非正当性的支配：城市的类型学 [M]. 康乐，简惠美，译 . 桂林 :

广西师范大学出版社，2005[1995].
[87] 陈洪才 . 廿三里鸡毛换糖史话 [M]. 香港：中国国际文化出版社，2008.
[88] 仇保兴 . 我国城镇化的特征、动力与规划调控 [J]. 城市发展研究，2003(1)：4–10，3.
[89] 崔功豪，马润潮 . 中国自下而上城市化的发展及其机制 [J]. 地理学报，1999(2)：106–115.
[90] 杜能 . 孤立国同农业和国民经济的关系 [M]. 吴衡康，译 . 北京：商务印书馆，2009[1826].
[91] 国家统计局 . 中国统计年鉴 [M]. 北京：中国统计出版社，1990–2015.
[92] 国家统计局城市社会经济调查司 . 中国城市统计年鉴 [M]. 北京：中国统计出版社，1990–2015.
[93] 国家统计局国民经济综合统计司 . 新中国六十年统计资料汇编：汉英对照 [M]. 北京：中国统计出版社，2009.
[94] 国家统计局农村社会经济调查司 . 中国县域统计年鉴：2015 ：乡镇卷 [M]. 北京：中国统计出版社，2015.
[95] 国家新型城镇化规划（2014—2020 年）[M]. 北京：人民出版社，2014.
[96] 何兴华 . 关于城市规划科学化的若干问题 [J]. 城市规划，2003(6)：25–29.
[97] 赖德胜 . 教育、劳动力市场与收入分配 [J]. 经济研究，1998(5):42–49.
[98] 赖德胜，夏小溪 . 中国城市化质量及其提升：一个劳动力市场的视角 [J]. 经济学动态，2012(9): 57–62.
[99] 罗恩立 . 我国农民工就业能力及其城市化效应研究 [D]. 上海：复旦大学，2012.
[100] 牛文元 . 中国新型城市化报告：2012[M]. 北京：科学出版社，2012.
[101] 潘龙 . 空间市场势力测度指标体系的构建和应用 [D]. 杭州：浙江工业大学，2012.
[102] 沈清基 . 论城乡规划学学科生命力 [J]. 城市规划学刊，2012(4)：12–21.
[103] 汪贵浦，李丹琳，林婷婷，周清 . 空间市场力的测度研究：中国银行业的案例 [J]. 经济与管理研究，2014(12)：80–87.
[104] 王一胜 . 义乌敲糖帮：口述访谈与历史调查 [M]. 上海：上海人民出版社，2012.
[105] 吴良镛 . 人居环境科学导论 [M]. 北京：中国建筑工业出版社，2001.
[106] 吴良镛 . 中国城市发展的科学问题 [J]. 城市发展研究，2004(1)：9–13.
[107] 杨小凯，张永生 . 新兴古典经济学与超边际分析 [M]. 北京：社会科学文献出版社，2003.
[108] 义乌市建设局 . 义乌市城乡建设志 [M]. 上海：上海人民出版社，2009.
[109] 义乌市志编纂委员会 . 义乌市志 [M]. 上海：上海人民出版社，2009.
[110] 义乌县乡镇企业管理局 . 义乌县乡镇企业志 [Z]. 1986.

[111] 张文辉，张琳 . 现代性转向：西方现代城市规划思想转变的哲学背景 [J]. 城市规划，2008(2)：66–70.

[112] 张五常 . 经济解释（2014 增订本）[M]. 北京：中信出版社 ,2015.

[113] 赵燕菁 . 专业分工与城市化：一个新的分析框架 [J]. 城市规划，2000(6)：17–20，28.

[114] 浙江省第二次基本单位普查办公室 . 浙江省第二次基本单位普查资料汇编 [M]. 北京：中国统计出版社，2002.

[115] 浙江省人口普查办公室 . 浙江省 2000 年人口普查资料 [M]. 北京：中国统计出版社，2002.

[116] 浙江省人口普查办公室 . 浙江省 2010 年人口普查资料 [M]. 北京：中国统计出版社，2012.

[117] 浙江省人力资源和社会保障厅 . 2010 年第一季度浙江省部分市县人力资源市场供求状况分析 [Z]. 2010.

[118] 浙江省人民政府，浙江省新型城市化发展“十二五”规划 [Z]. 2012.

[119] 浙江省统计局，国家统计局浙江调查总队 . 浙江省统计年鉴 [M]. 北京；中国统计出版社，1984–2015.

[120] 浙江省统计局，国家统计局浙江调查总队 . 浙江乡镇统计年鉴 [M]. 北京：中国统计出版社，2006–2015.

[121] 浙江省统计局，国家统计局浙江调查总队 . 浙江 60 年统计资料汇编 [M]. 北京：中国统计出版社，2010.

[122] 浙江省自然资源厅，浙江省统计局 . 浙江省第三次全国国土调查主要数据公报 [R]. 杭州：浙江省自然资源厅，2021.

[123] 中共浙江省委政研室课题组，郭占恒，刘晓清 . 快速成长中的浙江区域块状经济 [J]. 浙江经济，2002(9)：4–7.

[124] 尹田 . 物权法 [M]. 北京：北京大学出版社，2012.

[125] 诸暨市地方志编纂委员会 . 诸暨年鉴 [M]. 北京：中国方志出版社，2002–2014.

[126] 邹德慈，马武定，陈秉利，等 . 论城市规划的科学性与科学的城市规划 [J]. 城市规划，2003(2)：77–84.